Status

全方位提升你的状态

管好你的状态

提高个人状态，凝聚正面能量

李劲波◎著

中国财政经济出版社

图书在版编目（CIP）数据

管好你的状态 / 李劲波著.—北京：中国财政经济出版社，2013.7
ISBN 978-7-5095-4449-5

Ⅰ.①管… Ⅱ.①李… Ⅲ.①情绪-自我控制-通俗读物 Ⅳ.①B842.6-49

中国版本图书馆CIP数据核字（2013）第078642号

责任编辑：潘　飞　　　　责任印制：刘春年
责任校对：李　丽　　　　装帧设计：盛世纳唐

中国财政经济出版社出版
URL：http//www.cfeph.cn
E-mail：cfeph@cfeph.cn

社址：北京市海淀区阜成路甲28号　邮政编码：100142
营销中心电话：010-88190406　北京财经书店电话：010-64033436
北京财经印刷厂印刷　各地新华书店经销
787×1092 毫米　16开　14 印张　131 000字
2013年9月第1版　2013年9月北京第1次印刷
定价：35.00元
ISBN 978-7-5095-4449-5 / F·3603
（图书出现印装问题，本社负责调换）
本社质量投诉电话：010-88190744
反盗版举报热线：88190492　88190446

中国100强 CHINA 名师名作

编委会

主办单位　北京联大文化发展有限公司　www.1dwhbook.cn

序　言

管理你的状态，生命如此精彩

每当人们听说我研究的是“个人状态管理”时，脸上总是会浮现出一副复杂的表情：一方面，他们本能地感到我研究的内容应该对他们有好处，因此表现出了极大的兴趣；另一方面，他们感到有些疑惑，因为他们不知道自己能够从中具体学到些什么，可以在哪些方面取得进步。

起初，我觉得他们的反应很有趣。但随着时间的流逝，我却有些头痛了——如果你已经在某个领域研究并以此为主题做了六七年的演讲，别人还是摆出一副困惑的表情，那可就不是什么有趣的事了。在这几年里，有些人认为我是专攻心理学的培训师，而有人却认为我是教情绪管控的培训师，还有的人认为我很擅长人际关系的处理。这种“盲人摸象”式的理解严重阻碍了他们全面发展的可能，于是我决定将我的研究结果和课程内容浓缩在本书中，这样不仅能更好地说明个人状态管理到底包括哪些方面的内容，还能够帮助更多的人管理好自己的状态。

如果要用一句话来说明一下个人状态管理体系的本质，那就是“把科学的原理和规律应用在实际生活中，让你的状态变得更好”。没有一个好的状态，你的生活、工作、人际关系、健康程度都只能维持在一个比较低的层面上。

在过去，你只需要有一技之长或是有很高的学历，就可以拥有一定的社会地位。但如今的社会，其他因素的影响力正逐渐降低，而你自身的状态已经变得越来越重要了。一个人有好的状态，那他/她就能更乐观、更积极，行动力会变得更强，更容易获得心灵的平静，大家也更能接受他/她。我们更愿意和状态好的人交朋友，因为我们自己也希望获得更好的状态。

在本书中，我们会讲到如何提升自身的状态，包括发现自身的优势，提高我们的自信，找到合适的目标，管理我们的情绪，和我们周围的环境和谐相处，处理好我们的人际关系（包括两性关系）以及如何看待我们和金钱的关系等。这些部分并非“老死不相往来”，而是相互关联和影响，共同决定着我们的状态，通过学习我们会知道它们之间的依赖关系，以及它们是如何相互促进和提高的。本书中大部分内容都来自我的训练课程，如果你已经听过我的训练课程，那可以简单地将这本书作为复习的辅助材料，毕竟训练课程要比书本丰富得多。

我还会在本书中穿插一些具有代表性的案例来帮助你理解，大多数案例都来自于我的学员和一对一服务顾客，我很感谢他们能够允许我将他们的故事和我的读者一同分享。

当然，还要感谢北京联大文化发展有限公司和中国财政经济出版社将我的演讲内容整合成书籍。我很清楚，要将我在演讲时那口语化的内容转变为书面语言并非易事。拜他们所赐，我获得了一本与我写的其他书风格迥异的书，也让我能够从一个完全不同的角度来审视自己的培训内容。

很多人可能会不解，我为什么要一直坚持在“个人状态”领域呢？一方面，我确实在这方面更有天分；另一方面，我也坚信，管理个人状态的方法不仅能帮助你提高自己的状态，而且当帮助的人数达到一定程度的时候，由这些人组成的团队、企业甚至整个社会也都能变好。只要你自己能够提高自己的状态，就有可能让你们身边的人过得更好。

现在，就请跟随本书的引导，让你的状态变得更好吧！

目录

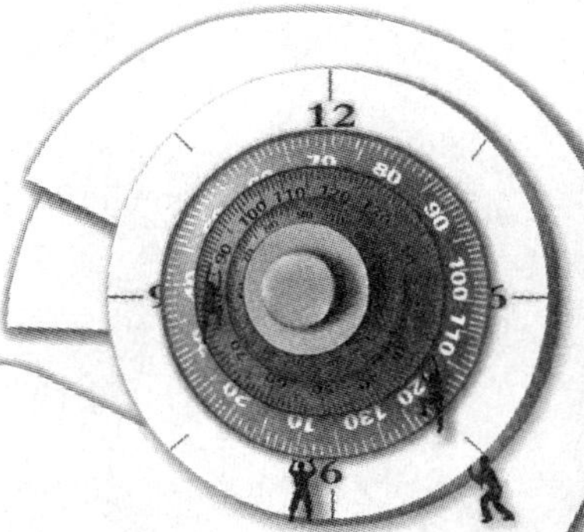

第1章

解开状态密码：初识个人状态管理

◎什么是个人状态管理

◎为什么要学习个人状态管理

◎谁需要管理自己的状态

◎状态管理没有万能公式

◎学习的误区

◎什么是个人状态管理

在这个发展日益迅速、压力与日俱增的时代，每个人都希望成为脱颖而出的人才和所在集体的骨干，爆发出更多的潜力，创造出更好的业绩，并且在获得更多资源和利益的同时也为他人做出更多贡献。然而希望与现实总是有差距的，结果既受到我们周边环境的影响，也取决于我们的实际能力，同时我们的状态更是起着至关重要的影响。事实证明，保持一个良好的状态不仅决定了你的心理、情绪变化，还影响着你的人际关系和工作效率，从而改变你在生活、工作中的方方面面。

我在训练中一直强调，要管理自己的状态先得搞明白“个人状态管理”是要管理哪些方面，而这些方面都起到了怎样的作用。大多数人之所以无法掌控自己的状态，是因为并不清楚到底是什么影响了自己的状态，甚至对“个人状态管理”这个概念的认识都还很模糊。简单来说，个人状态需要管理的是两个部分：“状”和“态”。

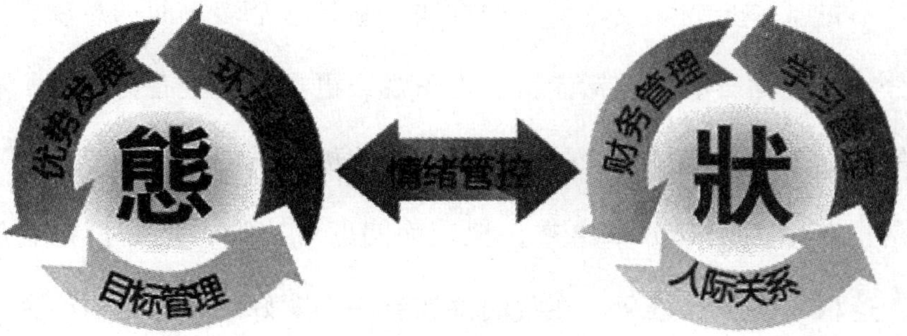

一讲到“状态”，大多数人就会优先往精神层面考虑。很多人会问我，个人状态管理和心理学有什么关系。它们倒真是有一些关联，但并不相同，因为个人状态的调整不可能只是从心理层面进行提升，那只是它的一个方面。

以前的“狀”字，左边一个爿，右边一个犬，它是表现狗的架势，后来泛指事物的各种形态。在实际生活中，它包括了财务管理、人际关系管理、学习管理等一系列方法和原则。而繁体的“态”字，上面一个“能”，下面一个“心”，正所谓“心能其事，然后有态度”，主要是心理层面的部分，包括个人优势发展（包括性格优势和技能优势）、目标管理、情绪管控以及和环境的互动等。也就是说，状态包含了内在和外在两方面，既要让你内在的境界提高，也要能够让自己外在的表现显示出你的良好状态，它们之间是一个相互促进的关系。

如果你要让自己达到一个最优的状态，就不能只是提升自己的思想境界或者满足自己的物质需求，也不是只有爱与被爱就可以达到的。不是某一个方面或者某一种方法，它是一个多方面的总和，每一部分都会互相影响，包括让自己更乐观，更自信，更有行动力，有良好的人际关系，有更明确的人生目标，有更健康的身体等等。你不能只是把其中一个部分拿出来，把表面问题解决掉，然后再把它放回去，这根本就没有意义。在我们说拥有一个“好的”状态时，并不是说要有一个“完美”的状态，而是要有一个“完整”的状态。

到底个人状态是如何影响实际生活的呢？我们可以先看一下两个生活中的例子。

李先生是我的好朋友，他的活力和乐观总是能够感染周围的人。他并非那种很会说话的人，作为一名普通的IT人员，收入也仅仅只是能够维持生活，但无论是谁看到他都会清晰地感受到他那饱满的热情。他有着良好的人际关系，对自己的工作也很满意，最重要的是在面对挑战的时候他总是可以乐观对待，这让他比别人更容易发挥自己的实力。在这个充满诱惑的时代，他很清楚自己真正想要的是什么，每一天都在为自己的目标努力着。

小杨是我在大学里的一名学生，以学校的标准来看的话，她绝对可以被称为“典范”：成绩优良，在学生会担任干部，大二就入党，全系第一个找到工作。但开始工作以后，她却无法迅速适应新的生活模式，无论是人际关系还是工作模式都和之前的生活相差很大。而且她还发现自己在选择工作时只考虑了收入，却没考虑到是否符合自己的个性，结果这份工作特有的无休止的返工让小杨有些抓狂。小杨毕业半年后的春节，我参加了他们班级的聚会，即使你没有受过心理学的专业训练，也能看出她的状态有多低落：表情沉重、无精打采，说话态度也比以前消极多了。工作上的不顺利还影响到了生活，她当时还正在和母亲冷战中，理由只是一周前为了穿什么衣服和母亲吵了一架。

这只不过是我见过的无数案例中的其中两个，我想你一定能从中看出两者的状态有多大的差异。冰冻三尺非一日之寒，他们各自的状态绝对不是突然出现的。到底是什么因素让他们的状态有如此大的差异呢？

个人状态的精妙之处在于，它牵涉到了我们生活中的方方面面，错综复杂。很多人能够大致感觉到自己的状态，却不知道该怎么样来改善它，只能凭着感觉去调整。其实，只要你能掌握方法，就可以加以改善，让你的状态变得更好。在本书中，我将把这些部分一一道来，理清它们之间的关系。

【学习锦囊】找对方法很重要

关于状态管理的技巧和方法有很多，你可能听说过其中一些。但很多人还是没办法付诸实践。这并不只是因为不懂方法，而是因为心智模式和思维模式都停留在原有的水平上，很难把那些方法加以运用。比如史蒂芬·柯维的成名作《高效能人士的七个习惯》，尽管列出了高效能人士的几个特征，但一说到达成方法，就只有四个字：以终为始。虽然这四个字简单易懂且寓含哲理，但我并不认为所有人都将这四个字应用在了自己的生活和工作中。事实上，大多数看了那本书的人并没有用这四个字让自己成为高效能人士。很多人只知道一个大方向，但具体该怎么走，却毫无头绪。

为什么会这样？难道方法错误了吗？其实相对于方法，更重要的是如何让我们自己按照正确的方法行动起来，我会在之后的章节中反复讲到这一点。当你有了足够的体验并改变了思维模式，才可以更好地改善你的状态。

很多人在参加了我的训练后表示，如果能早一些认识我或者参加我的训练课程就好了，但其实我很想和他们说："代价是迟早要付的，越晚付，代价就越昂贵。如果你在看完本书后获得了些许启示，也不意味着如果你在几年前参加了我的训练课程或读到本书会得到和今天一样多的收获。没有任何人生阅历的阅读是没有意义的，即使是走了弯路，也是有它的意义的。如果你还没有发现它的意义，那很有可能是时机还没到或者你没能把焦点聚集在它身上。

这让我想起了一个故事。

一个年轻人找到一位得道的老者，问了他一个深刻的问题："智慧从何而来？"

智者的回答是："正确的判断。"

年轻人又问："正确的判断又从何而来呢？"

智者回答："经验。"

年轻人再问："经验哪里来？"

智者说："错误的判断。"

虽然这个故事在逻辑上有个小漏洞（毕竟正确的判断也能带来宝贵的经验），但这并不影响我们理解这个故事想传达的核心思想。尽管去做你认为正确的事情吧，即使最后证明那是错误的。不要想着一步到位，成长本身就是一个不断犯错的过程，就算你还没有经验，也可以先做了再说。

◎为什么要学习个人状态管理

虽然大家一直都认为自己的状态非常重要，但个人状态管理真正被重视起来，还是近十几年才开始的。

在此之前，由于资源限制、文化发展等各种原因，人们并没有充分意识到个人状态对于自己生活与工作的重要性。他们更重视获取生活资源，保证自己的生存需要，这就导致了他们不怎么重视对自己状态其他方面的管理。

然而，在现今这个科技改变生活、基础生存能力普遍提高的时代，个人状态就不是那么无关紧要的了。相对于个人能力而言，个人状态在这个时代显得更为重要。无论是工作还是生活，人们都越来越重视一个人本身的状态。一个状态好的人更容易被他人所接受，人际关系会比较好，事业上的发展也会比较顺利。如果状态不佳，有再多的能力也不见得会有用。

可见，现在人们开始关注自己的状态管理并不是没有道理的。

过去的人必须先满足自己的温饱需求，当温饱的需求满足以后，就开始追求物质财富。到了现在这个物质层面已经足够满足温饱的时代，大家所渴望达到的状态已经不只是单纯地达到温饱或者追求物质财富而已了，按照现在比较流行的话来说，就是要获得更高的生活品质。

在这个时代，人们第一次真正地追求精神和物质的双重满足，它们相辅相成，给予人们极大的满足感。坏消息是，大多数人并没有学习如何用非物质手段来满足自己。沿用我们追求物质需求的方法来获得两者的平衡显然不是一个好主意，我们必须用一种全新的思维模式来适应这个世界。

【学习锦囊】基础的建议

在讨论如何提升自己的状态之前，我有必要先提供一些基础的建议，来帮助你更有效率地管好自己的状态。

老子曾经说过这么一句：“上者闻道，勤而习之；中者闻道，若存若亡；下者闻道，大笑之，不笑不足以闻道。”我们要成长，就必须接触各种不同的人或事，获取足够的资讯。但足够的资讯并不等同于大量的资讯，过多的资讯反而会干扰你的判断。你可能会在一开始收集很多资讯，但你真正需要做的是筛选出那些能够让你做出正确决定的资讯。严格说来，获得足够的资讯其实有两个步骤：收集资讯和筛选资讯。

如果你要提升自己的状态，就不能被自己原有的想法给禁锢住了。这个世界上不是只有一种想法或者做法是唯一正确的，有的时候你需要离开你所在的那个小圈子，到别的环境里去看一看，参加一些别的活动，否则你看待问题的角度就会变得很有局限。我在本书中所展示的内容很有可能和你过去接受的教育有很大不同，因此请先记住：你头脑混乱的时候就是你成长的开始。你只有感觉到自己的认知和实际体验有矛盾了，才能够把这个矛盾打开，之后才有可能得到真正的成长。

此外，大多数人花在做决定上的时间都过多了。事实上，在基本条件不变的情况下，不管你是花三小时还是花三年时间考虑，得到的结果都不会有太大的差别。大部分人会在犹豫的状态中一直徘徊，直到最后一事无成。

无论情况有多混乱，你都要尽可能快地做出一个决定。如果你觉得理智的分析还不足以帮你做出决定，那就靠直觉。除非你已经真的被压力给压垮了，处于一个非常情绪化的状态，否则你都得尽快作一个决定。在大多数时候，三年可能比三分钟更容易出问题，资讯过多会导致思考疲劳，反而阻碍了你的判断。

◎谁需要管理自己的状态

“哪些人可以用到你的内容？”

面对一个首次合作的培训师，每个培训机构都会提出这么一个冷冰冰的问题来为这个培训师“定位”。对我来说，这个问题就是：“哪些人需要管理自己的状态？”我实在很难找出比这个更蠢的问题了。只要是个正常人，都不会拒绝让自己的状态变得更好。

作为一个职业培训师，我一直认为最重要的是自己能够为学员提供哪些帮助。不过现在培训业的主流思想似乎不是这样，比起我们自己能提供什么，更多人在意的是“市场”需要的是什么。在这种思潮下，培训趋向高端化也就不难理解了。

现在的大多数培训已然成为了一种奢侈品，需要有消费力的人来买单，很多课程都是针对企业家或者企业高管来设计的。就算是一个很普通的课程，挂一个“总裁班”的名字就会更好，因为这样看起来比较有档次。有一次我受邀去为大学生做一场关于状态管理的演讲，却在会场看到一个大大的标题：企业家的状态管理。这让我感觉回到了古代——特别是孔子以前的时代，真正好的教育只针对贵族开放。但这其实是反潮流的，越是好的知识，它的包容性就应该越大。它的成本会越来越低，普及面会越来越广，帮到的人也会越来越多，能适用于各种人群、各种情况，就像是古代的《易经》、《道德经》或是现代的免费网络教学那样。我可不希望在我课堂上的每个学员都是企业家，更不会说必须是总裁级别的人才能来上我的课。事实上，学习能力和成长潜力与你的职位、级别和消费力并不存在正相关关系。

但如果你并没有什么意愿来管好自己的状态，那我建议你最好就别白费劲了。我们大多数人的行为，取决于自己是否真的有这方面的意愿。如果你没有意愿，那其实是不会有足够的动力来支持你的行动的。

据我的经验，大多数人总是会高估自己改变的意愿，就像我们身边那些致力于减肥或是戒烟的人们一样。当我写完自己的第一本书《赢在打击》时，经验老道的编辑对我说："如果你能提供更多具体的方法，那这本书就会更受欢迎。"我问道："我写上去以后他们会照做吗？"编辑回答我："不会，但他们喜欢看。"

我不知道你现在为了改善自己的状态需要改变些什么，但如果你没有意愿，那不管参加什么训练，看什么书都是没用的。当然，这并不代表意愿是唯一重要的，我们会在之后的章节里详细讲述除了良好的意愿以外还有哪些东西在起作用，以及迷信意愿会带来什么危害，但健康的意愿确实是管理自我状态的一个很重要的前提。

我知道有不少人是以娱乐的心情拿起本书的，这也没什么不好。无论你是抱着怎样的心态，现在都请扪心自问一句：我愿意改变自己吗？如果答案是Yes，那就太好了。

【学习锦囊】行动从认清自己开始

一个人之所以缺乏改变自己的意愿，很有可能是因为他其实觉得自己的缺点是无关紧要的——并不是所有有害的事情都是那么显而易见的，有时它们会很有迷惑性。这样说可能会让你有些难以理解，下面，我来举个例子。

有位学员参加了我的训练以后，就想请我帮她做一对一辅导，因为她觉得自己没法好好处理人际关系。当时我一对一辅导的名额正好满了，结果她等了我两个月才等到我有空，可见她怀有足够的诚心。但实际情况是，她虽然想改善自己的人际关系，让自己人见人爱，但在内心深处，她又觉得八面玲珑的人不是一个真诚的人，这种想法一直在阻碍她改变。她没有意识到“基本的礼貌”这一社交规则不应该因人而异，因此她不愿意对自己不喜欢的人表达一点点善意，觉得那样很虚伪。由于抱有这一偏激想法，即使对她喜欢的人她也容易走极端。她很难拒绝好朋友的要求，因为她觉得好朋友就是不能拒绝的，即使这些额外的要求消耗了她大量的时间和精力，甚至已经严重影响到她的日常生活和工作了，她还是不会去拒绝。因此，她的好朋友数量也很少，因为她觉得再增加好朋友的数量，她就要累死了。她知道自己的人际关系不太好，需要改变自己，但就是改不过来，因为她的内心其实不觉得这是坏事情，所以，根本就没有改变的意愿。我做的第一件事情就是要纠正她那些错误的逻辑，光这件事就花了我整整两个月的时间。

你也可以想一想，自己有没有这些错误的联结：如果我变得很自律的话，那就会没有随性的、自由的感觉了；如果我不那么愤世嫉俗的话，就是没有正义感；双休日就是要睡12个小时以上的，如果我不在双休日把之前不足的睡眠补回来的话，就会变得不健康。

在这方面，我也一样。我曾经有一段时间很瘦，因此无论是从健康的角度还是美观的角度，我都决定要增重。但事实上，我并没有非常投入地增重，因为在我的潜意识里，我把“增重”和“肥胖”做了一个联结。肥胖是不好的，它消耗你的能量，让你行动不便，而且也显得不好看。我一直没有认真地增重，直到我发现自己形成了一个错误的联结，才去把这个联结给打断，我的体重才慢慢恢复到正常标准。

理清自己的思路，找到这些联结，解开它们，才能获得足以驱使行动的意愿。

◎状态管理没有万能公式

在“改变自己”这件事上，大部分人都希望能学到速成的方法。我们说，授人以鱼不如授人以渔，只要你掌握原理和方法，它就可以帮你做到各种各样的事情。尽管大家都懂这个道理，但如果你真要把原则、原理都教给大家，让他们自己去想办法，那可比登天都难。很多人在参加某个关于目标设定的训练时，会期待台上的大师可以给自己一个万能公式，能够神奇地完成自己的所有梦想而且以后也不会有别的问题——最重要的是，这个万能公式必须要很简单，不需要自己付出太多的努力，因为大部分的工作大师应该已经做完了！

现在最受欢迎的培训课程是什么呢？很多人给出的答案是：能产生立竿见影的效果的，比如如何炒股或者一些帮助你考证的培训。有很多培训往往是这么宣传的：“参加了这门课程以后，有人用课里所教的方法，在两个月内赚了150万”或者是“通过8个小时的学习，让你彻底掌握互联网轻松赚钱的秘密！”看起来都很吸引眼球。如果对你说，课里教的方法没有那么速成，如果你坚持用一段时间，那好处才会逐渐显现出来，产生的效果是长远的、是一辈子的，可能听起来就不那么有吸引力。

这真的很讽刺，因为大家都很清楚速成的东西是很有问题的。我们不会去吃激素催出来的速成食品，也不会有人希望生一个早产儿，可怎么一讲到改变自己，就会觉得速成是好的呢？这真的是一个很不好的风气，让很多人都变得太急功近利了。

至少在个人状态的体系里是没有所谓“万能公式”的。无论是什么事情，一旦涉及到“人”这个因素，就不可能有什么万能公式。所谓的状态管理其实是很个人的、很细致的东西，你必须要“转化”成适合自己的方法来用。比如我在帮助企业做培训时，对一线的工作人员就需要偏重一些行为上的改变，而对于中高层可能就更偏重思维上的转变。在本书中也一样，哪种方法对你最有用？这个问题的答案还是得靠你自己找出来。

【学习锦囊】把眼界放宽，看得更远些

很遗憾，在现今社会，目光短浅反而成为了一种常态。一味地追求快速达成眼前的短期目标会损害我们的决策能力，使我们变得目光短浅并让自己处于越来越不利的境地。对我们来说，这也成为了改善自己状态的大敌之一。

目光短浅本身就是一种恶性循环：目光短浅的人会更倾向于追求短期利益，而短期利益带来的刺激感会让他们的多巴胺大量分泌，良好的感觉使他们更依赖短期利益，再次强化目光短浅的特质。同时也不难理解的是，目光短浅会带来更多“意料之外”的事情，让我们疲于奔命，没有精力再去想更远的事情。

如果你觉得你已经陷进了这个恶性循环，不如试试摒弃“一步到位”的思想：把你那泛滥的目标按照重要程度或先后顺序写在纸上，然后留下前三个目标，其他的全部划掉。等这三个目标达到时，再把这个过程重复一次。

◎学习的误区

很多人都知道，我的职业之一是培训师。但其实我更倾向于认为自己是一个“科学家”，只是喜欢演讲罢了，毕竟我的内容基本上还是以临床实验数据作为基础的。但现在很多人参加培训的首要目的是寻求一种感觉，他们希望得到的是短暂的、强烈的情绪体验，能不能学到东西，能不能改变人生倒是其次。

为了迎合这种潮流，很多培训师决定把精力用于改善课程体验，让培训过程变得更热闹、更好玩，却完全无视课程的实际内容，也不去钻研和学习更深入的东西。寓教于乐本身没什么问题，但要是乐的比例太过头就不太好了。我参加过一个针对培训师的培训，内容是如何降低培训时的风险。培训的主旨是：一定要多做活动、游戏。如此一来，即使你讲的内容很烂甚至是错的，大家情绪高涨了，评分就差不到哪里去。从我的专业角度来看，这倒也不无道理——大量的身体活动提高了学员身体的兴奋度，很容易就会产生归因错误

（Attribution Error），误以为是课程的内容让他们心潮澎湃。在我看来，这已经偏离培训的本质了——如果你只是希望自己情绪高涨，那去参加一场现场演唱会的效果可能会更好。

这样听起来似乎很恐怖，但还有一些更让我担忧的看法正在蔓延。大家都知道，有一些培训师并不是很注重这行的职业道德，说得不好听点，就是在“骗钱”。但真正的问题是，大众对于这种行为的态度居然越来越宽容了。有人认为，就算他们是在骗人，但如果他们骗得精彩、骗得成功，就是一种水平、一种实力。就是这种不负责任的言论，才会催生出越来越多的骗子。而且培训这个行业更特别，一旦产生了坏影响，它所产生的破坏力和破坏范围都是相当巨大的。当然，也可能是我太老套，没能跟上这个娱乐化的时代，但我认为总得有人站出来讲一些有用、正确的东西，否则大家就会在错误的道路上越走越远——你的能力越强，走得反而越远，痛苦的感觉也越强烈。

【学习锦囊】别迷信自己

学习和成长总是令人着迷。毫不令人意外的是，学习不仅能帮助人们达成他们的梦想，也能够毁了他们的生活。有时强烈的感受会扰乱大脑的判断，让我们学习错误的知识，把我们推向万丈深渊。

为什么比起正确的理论，大多数人更愿意相信自己的感觉呢？原因之一是，其实大家的内心并不完全相信理论是正确的。

尽管很多用来提高生活品质的理论和方法已经在全世界范围内（包括中国）被证明是有效的，但还是有很多人不相信理论，认为理论都是“初级的，完全不能解决实际问题”。我的某位心理学背景的同行曾经很郁闷地对我说：“劲波，我们明明都已经研究出来了，只要这样就能够解决他们的问题，为什么他们还是不愿意去相信呢？”这确实是个悲哀的问题。比起理论，人们似乎更愿意去相信自己的那点“生活经验”——越是心理衰老、不懂得变通的人，这种现象就越严重。

我们会在之后的章节中来详细说明学习的方法以及几大常见的误区，但在此之前，我们必须先达成一个共识：理论本身很有参考价值。理论是很重要的，它可以用极为精炼的语言把一件很复杂的事情说得很清楚，一个完善的理论就像是一件精美的艺术品那样迷人。很多人觉得理论总是和实际脱离是因为他从没见过真正好的理论，就像是有个人没有经历过真爱，却大声宣布他不相信这个世界有真爱一样。

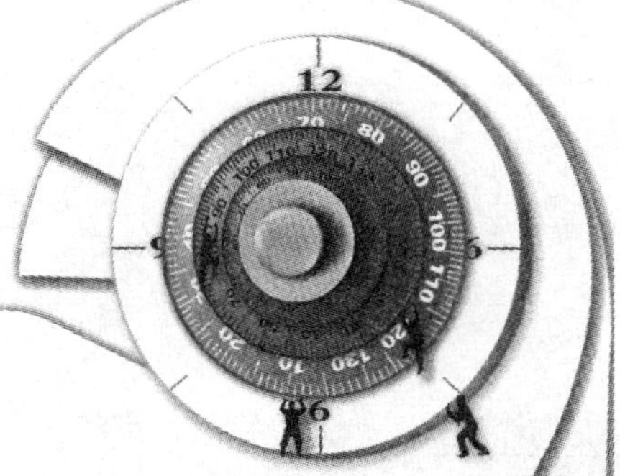

第2章

关联状态密码：环境的影响

◎近朱者赤，近墨者黑

◎谁在影响你

◎好环境，坏环境

◎近朱者赤，近墨者黑

大家都会承认环境对人有着极大的影响。中国自古以来都很重视环境对人的影响。“孟母三迁”这个故事已经广为人知，并把这一理念体现得淋漓尽致。事实上，几乎所有非遗传因素造成的人类差异都可以用环境的影响来解释。

但现在有很多人并不怎么重视环境带给我们的影响，甚至有很多人相信，只要自己的意愿足够强烈，那不管外界条件怎样，都可以达成任何目标。我并不是说强烈的意愿没有用，但忽视周围的客观情况而一味地强调主观意愿并不能帮助你达到目标。

我有一次陪一位朋友去买车，走进店里时，我们就发现大多数销售人员的态度都很冷漠——除了接待我们的那位销售人员。这位年轻的女孩非常热情，询问我们的需求，给了我们很多建议，并聊了很多与业务无关的话题。我当时就在想，这真是一个绝佳的例子，可以说明意愿到底有多重要——在如此冷漠的环境里，居然可以有人表现得如此热情！我认为她的内心中一定有着无比强烈的意愿：或许想成为这家店的金牌销售人员！这种想法一直持续到了我们交流的最后一刻，这位充满活力的女孩对我的朋友说道："陈先生，如果您现在就决定购买这辆车的话，那您就会成为我的第一位顾客——今天是我从事这份行业的第一天。"

或许"纯意愿论"的支持者会提出反对意见，表示如果这位销售人员的意愿足够强烈就能保持住这份热情，甚至能感染整个团队，让他们从冷漠转为热情。我承认，我确实没有办法确认她是否变得冷漠了——因为当我半年后再次踏入这家店时，那位女孩已经离职了。不过作为一名理智的人，我更倾向于相信她会被环境所影响。

近朱者赤，近墨者黑。这句老话早就已经得到了数量庞大的科学支持。对大多数恶性行为（包括吸烟、酗酒、吸毒或是嫖娼等）的调查发现，80%的人在第一次实施恶性行为时都不是单独行动的。也就是说，大多数人实施恶性行为时都有为其引路的"领路人"。而且并不让我们感到惊奇的是，这些"引路人"多半是他们的亲友和同事。

哈佛医学院的尼古拉斯·克里斯塔克斯博士与加州大学圣地亚哥分校的詹姆斯·福勒对马萨诸塞州弗雷明汉的12067名研究对象长达32年个人信息的研究表明，一个人的肥胖概率确实与周围人有关。也就是说，如果你周围的人都很胖，那你变胖的概率就会提高很多。接着，他们继续就其他特征和社会交往的关系进行了研究，发现结论相当一致——无论是超重、吸毒、酗酒还是孤独和抑郁，我们都会受到身边的人的影响。好消息是，乐观、自信、勇敢及幸福感等良好的品德和感受也会受到人际网络的影响而被加强。事实上，生活中的大多数事情都具有“传染性”。一项针对中国高校大四学生的调查显示，如果寝室中有一个人考研，那寝室中其他人考研的概率就会提高25%到40%！

不止是成人，儿童在这方面受到的影响更大。比如经历过1959年到1961年这段三年困难时期的父母总是担心自己的孩子吃不饱，于是经常对孩子说：“吃得多一点，长得胖一点”，如果小孩吃得多还会奖励孩子。结果在孩子的潜意识里就产生了这样的信念：吃得越多，社会评价就越高。长大以后，这些人无法克制自己去吃东西的欲望，其中很多人患上了肥胖症，因为潜意识告诉他们吃多点才是好的。有趣的是，如果你去问这些肥胖症患者是不是由于需要社会认同才让他们无法停止进食，那他们中的大多数人都会矢口否认。

现在的孩子恐怕不比过去的孩子幸运多少。2009年9月，我朋友的侄子开始就读小学。开学一周不到，老师就打通了他父母的电话，只说了一句话：“你家小孩数学不行。”尽管从那天开始，补课就成为了孩子生活的一部分，但奇怪的是，数学成绩并没有提高多少。于是老师和父母天天对小孩说：“你数学不行，要多努力一些！”一个学期以后，可怜的孩子见人就说：“我数学不行。”我不想在这里为你解释大脑发育的理论，好让你明白为什么一个9月出生的孩子比一个次年8月出生的孩子拥有更大的学习优势，只需要告诉你，现在有一个八岁都不到的孩子已经对“我数学不行”这件事深信不疑了。对我来说，这是个悲哀的故事。

还有一些影响不那么明显。我在2010年曾经看过一个儿童比赛，基本内容就是让幼儿园里的小朋友到超市里去比赛买东西。在超市里，每个孩子会拿到一张清单，上面随机写着酱油、拖鞋、牙膏等商品，然后孩子们就负责把这些东西买回来。很多孩子都在规定的时间内买齐了物品，但既然是比赛，总得分个高下。那谁是第一名呢？答案是，看谁买得最便宜。这些孩子从小就被灌输了这么一个观念：买得便宜就是“持家有道”。没有人告诉他们生活的品质比较重要，也没有人告诉他们性价比是什么——或许他们就永远不会在意这些了。

【学习锦囊】相信身边的人

在这里，我需要先引入一个心理学概念：基本归因错误（Fundamental Attribution Error）。人们总是会倾向于高估人格特质或是态度等内在因素的影响力，却低估了当时所处的环境、情境等外在因素。

但事实上，外部因素的影响力却比我们想象中大得多。更麻烦的是，大多数人在混乱的时候并没有能力区分谁更正确，因此他们会遵从大脑的指示：相信自己信任的人。我刚开始对外培训的时候，讲的道理和现在没两样，但当时就有很多人觉得这也不对，那也不对。后来我变得稍微有名一点了，他们又全信了。我觉得头上顶一个光环真的很有用，副作用就是我现在要更注意自己讲的话，因为就算讲错了也有人会相信。

那么，谁是我们最信任的人呢？没错，就是自己身边的人。可以说，我们身边的人决定了我们未来的结果。你有什么样的状态，有什么样的信念，和你周围的人是分不开的。而且重复的次数越多，你就越会相信。

那到底多少人可以对你产生足够大的影响呢？三个人就够了，“三人成虎”这句话是非常精准的。

当然，要是真有三个人告诉你那里有老虎，也不见得就一定是假的，可能真的有只老虎。因此，你还是需要有自己的思考，而不是简单地相信或者怀疑，否则思想就会有很大的局限性。

◎谁在影响你

如果你看过我在几年前写的《赢在打击》就一定可以理解，无论是给我们正面的鼓励还是消极的打击，都只有我们身边的人才能做到。和一个素不相识的人相比，我们更在意身边的人对我们的评价。那么，哪些人对我们的影响最大呢？

父母

没有一个人能够否认父母对自己的一生都有着很大的影响。几乎没有任何社会关系的影响力可以和亲子关系相媲美，这也能解释为什么我们的父母会对我们产生如此之大的影响。心理学家和社会学家穷极他们的聪明才智来了解父母对孩子的影响，结果发现其影响层面涵盖了每一个方面：从生理到心理，从习惯到性格，从人际关系到能力发展，几乎无所不包。

我这一代人有个别名，叫做“80后”，有很多都是独生子女。

很多对“80后”的调查表明，这一代人和父辈相比更不爱学习，家庭观念也很淡薄。整个社会——尤其是家长和教育工作者——都对此非常担忧，并想尽各种办法去解决它们。我想这些忧心忡忡的父母并不会喜欢我的说法：目前的结果完全是父母自己造成的。

在20年前，不学习、没知识，就意味着会被人轻视和欺负，而家庭永远都是我们的港湾——家人支持你、保护你，并且在你犯了错的时候惩罚你。但在义务教育普及的今天，学习普通人都懂得的知识并不能让你更受尊敬，而且你“应该”学习的内容已经被限定了。即使你不喜欢“语数外”，还是得被迫学习；如果你想学点自己感兴趣的东西，很容易就会被说成是不学无术。父母在这时不但不支持自己孩子的想法，还跟着老师、外界舆论一起打压孩子。结果孩子就把学习、家庭和痛苦做了一个关联，你说这样他们怎么可能热爱学习，家庭观念怎么能不淡薄？

如果你已经超过20岁，那父母对你的影响可能就没那么大了。但是，如果你即将为人父母，我强烈建议你学习成为一个开明的父母。

事实上，我自从懂事起就听说“80后”有多不好。之后就出现了“90后”，大家就更看不惯了。进入新世纪十几年了，现在“00后”也长大了，大家看不惯的事情就更多了。不出意外的话，“10后”也会是一样的结果。喂！别再管年轻一代怎么怎么样了，他们没有问题！他们活得好好的！就算我们都死光了，他们还是会活得好好的，搞不好他们能比现在活得更好，就像是我们年轻的时候一样！时代在进步，他们有他们的时代，有他们的生活方式！有问题的不是他们，是我们！是我们创造的环境让他们变成这样的，我们又拿过去的标准去评定他们，是我们没有开放的心态，没有办法适应新的时代！

让我们来看一下这段话："现在的小孩越来越不像话了，他们会在公共场合肆无忌惮地打闹，在餐桌上只拣自己喜欢吃的东西吃，父母进房间的时候也不打声招呼，就像没有看见一样。"你可能觉得这是最近的某段评论，但这其实是苏格拉底对他们那个时代的小孩的评论。准确地说，并不是"一代不如一代"，而是"一代看不惯一代"。最新的研究表明，年轻人在社会关系上的不成熟是因为他们的大脑还在继续成长，每个人都会经历这个阶段。放过孩子们吧，也放过自己吧，如果我们能把自己管好，那可就是最大的功德啦！

配偶

我们的配偶在我们的生活中起到了很大的作用。尽管没有血缘关系，但他们却是我们最亲近的人之一。我们珍视他们，相信他们，并且影响他们。

这让我想起了一则小故事：

有一天，希拉里和克林顿去加油站。

希拉里指着加油站的站长说："这个人以前追求过我。"

克林顿开玩笑说："看来你的选择是正确的，因为你现在是总统的夫人而不是加油站工人的妻子。"

希拉里回答："不，如果当初我答应他了，那他现在就是美国总统了！"

尽管这个故事是杜撰的，但我很喜欢它表达的概念：配偶的影响力是巨大的，而且还会相互影响。有研究表明，女性影响其男性配偶的程度要稍高一些，这或许是因为女性在人际沟通的能力上比男性拥有更高的天赋。

朋友

正所谓"在家靠父母，出门靠朋友"，好的朋友可以帮我们很多，坏的朋友可以害死我们，不管是物质上还是精神上都一样。有时好朋友只要说一句话，就能让我们终生受益；坏朋友一次怂恿，就能让我们抱憾终身。

我的朋友陈吉尔就是这样的好朋友。在我还很年轻时，他就很好地扮演了"领路人"的角色，给了我很多建议和帮助。与其说他是我的朋友，倒不如说他是我的恩人。他最为与众不同的一点是，他总是能够花时间去了解朋友们的需求，并想办法提供帮助——即使无法提供物质上的帮助，他也不会忘了在精神上鼓励（或者说是刺激）你一下。我可以举个例子来帮助你了解他到底是怎样的一个人。

有一天，陈吉尔打电话给我，以一种很平静的语气说道："你还记得我去年听你的课时，设定了个要买奔驰的目标吗？我今天买好了，就是我要的那个型号，连内饰也一模一样。"如果故事就这么结束了，那也不过是一通普通的报喜电话罢了。陈吉尔总是喜欢在后面加些与众不同的东西，这次他说的是：“你那玛莎拉蒂准备得怎么样了？我给你带了几本汽车杂志，里面有关于玛莎拉蒂的详细介绍。”当时我正处在生活和事业上的双重低潮期，过去设定的目标也变得遥遥无期，看来陈吉尔还是最清楚我当时情况的人之一。

不管是在生活中还是工作中，人们都希望能够交到陈吉尔这样的好朋友。就拿我来说，如果没有得到很多像他这样的朋友的帮助，是绝对走不到今天这一步的。但更深层的问题是：为什么我会拥有那么多的好朋友？他们又为什么要来帮我？要回答这个问题并不困难，大家都明白，要有良好的朋友圈，就必须用心地去经营自己的人际关系。

但有一种人并不喜欢用心经营自己的人际关系，我称其为“势利眼”：别人对他们有好处时就是朋友，没好处时就什么都不是。现在经常会有一些人对我说：“李老师，您已经达到一定的高度了，不该和某些人继续交往下去，他们既没有资源也没有能力——成功吸引成功，继续和他们在一起的话只会浪费您那有限的时间、精力和资源，阻碍您更成功。”

我每次听到这些话，总觉得特别耳熟。当我还很小的时候，好像也听别人说过类似的话：“你要和成绩好的同学交朋友，远离那些成绩不好的差生！”基本上，我们从小就被教育要和社会认同度高的人成为朋友。感谢我的父母，让我在很小的时候就知道一个人有没有价值并不是由他们当时的社会地位来决定的，有很多更加靠谱的做法来经营我们的人际关系。我不知道这些“势利眼”是否也会有很多朋友帮助他们，反正我是不想成为他们的朋友。

【学习锦囊】用心，而不是用心机

我必须要在这里强调的是，“用心经营人际关系”并不是“用尽心机经营人际关系”，而是“用真心去经营人际关系”。不管是对父母、配偶还是朋友，都别把别人当成傻子，去耍一些不入流的小手段，否则到时候你连自己怎么死的都不知道。为人父母的人多多少少都会有这样的经验：自己的孩子想骗你，但由于骗术拙劣，你早就看得一清二楚，只是不揭穿而已。“用尽心机经营人际关系”的人和这些小孩一样幼稚，迟早都要为此付出代价的。

有一次，我受邀去为某保险公司的销售人员做一场关于人际关系和沟通能力的培训。培训以后，有一位销售人员突发奇想，要和我比一比谁的销售能力更强。这个故事的关键部分在于，他对我进行了条件限制：不能使用现有的人脉。他的理由是，如果使用了已有人脉的话就“体现不出真实的销售能力”了。

他到底把销售能力当成什么了？难道我的人脉是一夜之间冒出来的吗？你知道我花了多少时间和精力去经营它们吗？只凭一条三寸不烂之舌玩概率的游戏完全不能被称作销售，只是标准的忽悠罢了。

我们经常听别人宣称要开发人脉、开发人脉，人脉就是钱脉，人脉就是命脉，那我们对自己的钱脉和命脉都做了点什么？人脉这个东西其实没法被开发出来，它只能被经营出来。你花多少时间和精力放在人脉上面，它就怎么回馈给你。你不用心，怎么就能期待别人用心来帮你呢？你希望别人真心地来帮你，就别对人家的请求敷衍了事；你希望别人把他们的人脉介绍给你，就先把自己的人脉介绍给他们。

我们还要搞清楚“用心经营人际关系”的性质。事实上，它并不是即效性的，而是积累性的。我们都听说过汽车销售的吉尼斯纪录保持者乔·吉拉德寄手写贺卡给顾客的故事，有很多人就效仿他手写贺卡给朋友，认为这样就能让朋友感动，关系也会变得更融洽，朋友们也会更愿意帮助自己。可当他们这么做了以后，却发现人际关系并没有如他们想象中那样有质的飞跃。于是他们得出了这样的结论：这招没什么作用，乔·吉拉德骗了我们。问题到底出在哪里呢？其实不是这招没用，而是他们误解了这招的作用。任何经营人际关系的方法都是有积累性的，你不能指望一张贺卡就能起到很大的作用。如果你平时不想着他们，只是在圣诞节或者春节才手写贺卡，那就一点意义也没有，有的时候别人还会觉得你很虚伪。人际关系不仅需要长时间的经营，而且目的性也不能太强，否则只会产生反效果。

其实不管在哪个领域，所有获得成就的人都有很多人在背后支持着他，只不过大多数时候你看不到而已。你要做的第一步就是大胆地要求你的周围的人来帮助你，并且接受他们的帮助。特别是一些和你的关系还不那么亲密的人，你更应该向他们寻求帮助，社会学上把这种关系称为“微弱关系”。因为一般来说，和你关系很亲密的人水平也应该和你差不多，不见得能帮你太多忙。此外，和被你帮助过的人相比，那些曾经帮助过你的人会更愿意再帮你一次。

问题在于很多人并不喜欢这么做。有些人，特别是一些年轻人，可能有很多可以帮助他的朋友，但他就是拒绝别人的帮助，因为他觉得这不是靠自己的实力成功的。你觉得你有一群愿意帮助你的朋友不算是你的实力吗？别人肯帮你，那就是你的实力。

还有人会把别人的好意当成交易，他们觉得只要得到别人的帮助就必须要马上付出相应的回报。他们通常会说，你的好意我心领了，但是因为我现在什么都没有，所以不能接受你这么大的帮助。很多人在这么做的时候还会觉得自己特别高尚，因为他们没有去要求一个自己不能回报的帮助，没有去占人便宜——器量实在是太小了！你把别人的善意当成什么了？这种人在帮助别人的时候也会斤斤计较，心里一本“小九九”，因为我这次帮你了，你欠我一个人情，下次应该轮到你帮我了。这样的人永远成不了大器——知恩图报不等于马上回报，否则你的眼光就太短了。我们不能把双方的付出看成纯粹的交易，那样太功利了。太阳不是为了普照大地而存在，只是它存在，就能普照大地；河流不是为了滋润万物而存在，只是它存在，就能滋润万物。只要你把付出和接受都作为一种习惯，就一定会有一群彼此契合的人聚集在你身边。

◎好环境，坏环境

你有没有想过，什么样的环境对我们来说是好的，什么样的环境对我们来说是坏的呢？

衡量一个好环境最重要的标准之一是它和你的目标挂钩，并能够帮助你达成目标或是有所助力。这就可以解释为什么到现在为止都没有出现一个绝对的标准来衡量一个环境的优劣——每个人的目标都是不同的。

大学生的生活现状可以很好地说明这个问题。当我还在大学的时候，并不算一个好学生。和很多“临时抱佛脚”的学生一样，我的学习高峰期只有在考试前的那一周而已。在其他时候，我和朋友们做的更多的是交友、打工和玩电子游戏，这就是我在大学时所处的环境。当然，学校里还有另外一个完全不同于我们的环境：在这个环境中的学生认真学习、成绩优秀，他们主要的生活内容就是上课、复习以及做更多的习题。如果现在做一个调查问卷的话，我想大多数人都会认为后者才是对我们“好”的环境。特别是当期末考试的成绩公布的时候，这个想法会更加坚定。但事实上，环境的好坏取决于你的目标是什么。如果你想在毕业时拿出一份漂亮的成绩单，那一个认真学习的环境就是好环境；如果你最想在你的大学生活中得到的是见识一些不同的世界——别和我说什么长远利益，刚入学的大学生可没那么懂事，即使是比尔·盖茨也不例外——那可能就不应该把所有的精力都放在教科书上了。或许我们在未来会改变我们的目标，但当下衡量我们所处环境好坏的标准是我们现有的目标。

而另一个标准是这个环境可以让你有所成长。如果这个环境中有你可以学习的榜样或是模仿的对象，那这个环境就更能帮助你成长。反过来说，如果你在这个环境中是最厉害的那个人，那这个环境就很难说是一个合适的选择了。不只是知识或技能的成长，精神的成长也一样。如果这个环境不能让你学到什么具体的知识，却可以让你变得更乐观、更自信，那也不错。

【学习锦囊】寻找“好”环境

如何才能让自己身处一个“好”的环境呢？方法有两个：内部筛选和外部寻找。

现在，请把你身边的人际关系都列出来，并且考虑一下哪些环境对你来说很重要，而哪些环境会毁了你。你可以和自己的朋友们畅聊人生、梦想或是价值观，听听他们的见解，很快就能够知道自己想和什么样的人展开更多的交流。请在单独一人且安静的时候做此项练习，因为和他们相处时的情绪体验很有可能会影响你的判断。当然，你不用和“坏环境”中的人都绝交，只要把你的精力更多地倾向于“好环境”就行了。

当做完第一步后，再到外部去寻找新的“好环境”。有趣的是，你只有让自己的级数不断提升，才可能适应更好的环境。

我在24岁那年参加了一场大型活动，并有幸和几位上市公司老总同桌吃饭。对于当时年轻的、渴望获得更多成就的我来说，这是一个梦寐以求的“好环境”。但事实上，我却完全无法融入他们之间的谈话。他们并非故意排挤我，也不是因为遵循了什么我不知道的内部规则，只是随意地聊天而已。但我实在无法跟上他们的步调，无论是谈话的内容还是对待事物的看法，都超越了我好几个等级，我能够做的只是不断开阔眼界而已。现在看来，当时的我非常幸运地了解到了一件重要的事：要想融入一个好的环境，就要让自己的能力和阅历和这个环境相符。

另外一点是，我们要尽可能地和强者在一起。我一直都对“强者”很着迷，并做了许多研究。一开始，很多人都认为“强者”是没有标准的，但现在我的调查数据已经完全推翻了这个说法。具体的标准有些复杂，我可以给你一个简单的判断法则：强者首先对自己负责任，然后才对别人负责任。

过去有一句话叫做“各人自扫门前雪，莫管他人瓦上霜”，经常被用来形容一个人很自私，只把自己的事给办好，对别人就不管不顾了。现在的问题是，很多人连自己的门前雪都还没扫好呢，就去管别人的瓦上霜了。这是典型的弱者表现，因为管不好自己，所以就去管别人，这样才能获得支配感。

如果你所处的环境中很少有先对自己负责任的人，那我建议你应该考虑一下别的环境了。因为在现有环境中，你很难学会欣赏自己的优点。你需要先拥有自我认同感再去发展其他优势。因此，我的任务只是为你开启一扇门而已，接下来的路，还得靠你自己去走。

当你进行了数次主动的内部整理和外部寻找后，就会明显地感到自己的环境开始发生改变了。这时，你可能会经历自我改变的挑战，转换新环境造成的不适或与老旧环境诀别时的不舍。

第3章

开启状态密码：发现独特优势，激发自身潜能

◎什么是潜能开发

◎发现优势，增强自信

◎天生赢家，事事找专家

◎在工作中发挥优势

◎如何激发他人潜能

◎什么是潜能开发

在所有的培训课程中，我一直觉得“潜能开发”这个主题很有趣。一方面，很多人认为如果自己的潜能可以被彻底激发，那我们就能拥有更快乐、更幸福的生活。另一方面，绝大多数人又并不清楚“潜能开发”到底是什么。

我在几年前曾经做过一个调查，调查对象共有600人，其中300人经常参加各类培训，另外300人从来没有参加过什么培训。调查问题只有两个：第一，你觉得什么是潜能开发？第二，你觉得怎样才可以开发出自己的潜能？结果，我所得到的答案五花八门——有人认为有了亢奋的状态（包括过度亢奋）就是潜能被开发出来了；有人认为应开发出一些自己本来不具备的能力；还有一些则和超自然能力、宗教等挂上了钩。而且在这个调查中，是否有参加培训的经验并没有对结果产生太大的影响。这样看来，“潜能开发”倒像是万金油一样可以应用到各个领域了——反正大家也不清楚潜能到底是什么。在阐释潜能开发之前，我们先得为“潜能开发”下一个定义。

所谓的潜能开发其本质就是要开发人的自信。我们确实有着很大的潜力，但只有你相信“我也是可以的”，这些潜能才可能被激发出来。我们经常会看到有一些“大师”去帮别人发功治病，但很多时候其实是患者发挥了自己的能量。因为你相信他，坚信他能把病给治好，自己的能量就被激发出来了。反过来说，如果你相信自己的身体有病，也会受负面情绪影响，然后病情就越来越重。

在这里我需要说一下安慰剂效应。你给一个高血压患者一颗没有任何作用的糖丸，告诉他这是治疗高血压的特效药，结果他吃了以后血压就真的降下来了。进一步的研究还表明，安慰剂看起来越真实、越复杂，它产生的效果也就越好：如果你给糖丸染上颜色，会比白色的糖丸更有效；如果你在糖丸上刻上一个印记，随便什么印记，都会比不刻上印记更有效；胶囊比药丸更有效；彩色的胶囊比普通胶囊更有效；注射液体的安慰剂效应比任何药丸都要来得强。

任何细节都可以增强或削减你的自信。你甚至可以从很小的方面入手来提升自己的自信，比如改善自己的穿着打扮或者每天保持微笑。随便怎么样都可以，最重要的是开始行动。

【学习锦囊】为什么要开发潜能

在更深入地讲解潜能开发的问题之前，请先试着回答以下的问题：你为什么想要将自己的潜能开发出来？

这一点已经在之前的章节里提到很多次了——你必须要知道你为什么要这么做，否则学了再多东西也是没用的。如果你并不知道自己为什么要这么做，那最好先花些时间去搞清楚，这比具体的方法要重要得多。

你是否有时候会被迫去做自己不喜欢的事情？比如被迫应酬、被迫加班、被迫起床或是被迫参加一个不怎么熟悉的朋友的婚礼？我个人觉得我的大学生活还是很快乐的，只要没有被迫去考试就完美了。

关于被迫和主动的关系，有一个流传甚广的小故事：

从前在一条街上住着一个犹太裁缝，手艺很好，生意兴隆。但令他懊恼的是，每天都会有一群小孩子在他家门前玩耍，不仅影响了他的生意，也让他无法安宁。他尝试了各种方法来赶走这些小孩子，却都没有作用。于是，裁缝决定试试一种新的方法。

有一天，孩子们又来玩耍了。裁缝走到他们面前，给了每个孩子三颗糖，对他们说："我非常感谢你们每天都在我门前玩耍，给我带来了很多欢乐，这三颗糖是我的谢礼，请明天也到我家门口来玩。"孩子们很高兴，更勤奋地来裁缝家门前玩了，而每天裁缝也会给他们每人三颗糖。

过了一周以后，裁缝只给每个孩子两颗糖，并抱歉地说："不好意思，最近店里的生意不好，我只能给你们两颗糖了。"孩子们虽然有些失望，但两颗糖总比没有好，于是他们还是到裁缝门口来玩。

又过了一周，裁缝拿出了糖，对这些孩子说："不好意思，我现在连自己也很难养活了，如果你们来玩，我只能给你们每人一颗糖了。"

孩子们很生气，说："开什么玩笑，一颗糖还想我们来你家门口玩？想都别想！"于是掉头就走，再也没有回来。

这个故事的版本很多，也有不少心理学理论可以解释这个现象。如果你为了人们本来就很乐意的事提供额外的奖励，反而会让他们觉得自己是被迫做这件事。而这些奖励一旦停止，他们也就不会行动了。

在生活中我们经常会发现，同一件事因为我们心态的不同，得到的感受和结果也不一样。这就是为什么很多男人在婚前总是很乐意地主动为女朋友付出自己的时间、精力和金钱，而婚后却一反常态，因为后者已经转变为被迫去做这些事了。

你要激发自己的潜能，第一步就先要知道做这件事对你有什么好处，让自己愿意去做这件事情。你光在那里喊口号，说你要减肥，你要戒烟，你要更努力学习，心里面却不清楚这么做有什么好处，那这些口号就没有任何作用。有一句话叫做"威逼不如利诱，利诱不如我愿意"。如果你想阻止别人做一件事情，那最快的方法就是逼他加倍去做，如果做不好就去惩罚他。

如果你还不知道自己的潜能可以带给你什么好处，就不用急着让它发挥出来。如果一个没有任何目标的人获得了一把绝世好剑，那最有可能发生的结果是他/她没有杀死任何一个对手，反而伤害了自己。

◎发现优势，增强自信

不管是激发潜能还是设定属于自己的人生目标，都要先知道自己的优势是什么，因为我们的潜能必须从我们的个人优势中发展出来。迈克尔·乔丹是篮球之神，迈克尔·杰克逊是舞蹈之神，别告诉我光靠努力和意愿他们俩就能够对换。

尽管我们都知道自己一定在某方面有优势，但大多数人却并不知道自己的优势具体在哪里。以下这个故事就充分表现出大多数人的这一窘境：

有一个人死后在天国之门遇到了圣彼得（Saint Peter）。由于生前就熟知圣彼得的智慧和博学，于是他问道："圣彼得，多年来我一直沉迷于军事史。你能否告诉我，究竟谁是历史上最伟大的军事家呢？"

话音刚落，圣彼得便回答道："哦，这个问题很简单，那边的那个人就是。"圣彼得随意地指了指不远处的某个地方。

这位老兄顺着圣彼得的手指看了看，说道：“圣彼得，你一定搞错了。我在人间的时候跟他很熟，他不过是个普通的花匠而已。”

“这就对了，我的朋友”，圣彼得回答道，“他确实会是历史上最伟大的将军……如果他是位将军的话。”

你一定有自己的优势，只是还没有被发现而已。很多人没有足够自信的原因是没有找到自己的优势，他们总是喜欢把焦点放在自己的缺点上。

我们都知道管理学上的“木桶原理”：一个木桶的容量取决于这个木桶最短的那块板，在选择团队成员的组成时，必须考虑避免“短板”。但这个理论被广泛地滥用在了很多其他领域，包括个人发展。于是一些人会很热衷地寻找自己的缺点，并想办法去改善。其实这个做法只会让你变成庸才！如果你把所有的精力全放在改善你的“短板”上，就意味着你的“长板”完全没有得到应有的发展！

当然我并不是说所有的缺点都不需要去弥补。如果我们有一些缺点，稍稍努力就可以解决，那就尽快解决。其他没那么容易解决的问题，就不要去管它，把精力放在发展你的优势上面。

【学习锦囊】发现自己的优势

要发展优势，就必须先找到自己的优势。

严格地说，优势分为两种，一种是技能优势，另一种是性格优势，两者是相互依存的。比如“沟通能力”属于技能优势，但它也有相应的性格优势作为支持，如“乐观”或者“外向”。此外，无论是技能优势还是性格优势都不可能只有一个，你也能拥有更多的可能性。

这里有一个好消息和一个坏消息。坏消息是，我们的优势并不总是外露出来，所以光靠自己的感觉和经验不见得会有多靠谱。不过好消息是，很多潜在的优势都是可以测试的。现在有很多方法可以测试性格、工作能力、优势和劣势、适合做什么。从询问自己身边的人到征求专业人士的意见，从做一些专业测试到对你的大脑进行扫描，都可以或多或少地了解到你的优势，比如流行的MBTI、DISC分类法、霍兰德职业兴趣量表甚至九型人格、色彩人格之类的，都可以在一定程度上用来测试人的优势，有的人还会用星座、星盘来看看自己适合做些什么。一般来说，我更建议用那些有统计数据的、科学的量表去测量自己的优势，现在有很多公司都会提供这种测评服务。

很多人喜欢去做一些免费的测评，但是我不是很赞同这么做。因为在中国，大多数的心理测试都是西方50多年以前用的东西了，这样才可以避免版权问题。而这一做法导致的直接问题就是，许多测试所使用的“常模”早就不准了。如果你坚持想要免费的，那我就在这里给你推荐一些相对靠谱点的测试。

第一个就是积极心理学家美国心理学协会的主席马丁·塞利格曼开发出来的显著优点调查表，也叫VIA优势测量表。这项测试的精准度非常高，很可靠，在全世界已经拥有近百万名注册会员，并支持中文版本的测试。你可以让自己团队的员工在他的网站http：//www. authentichappiness.sas.upenn.edu/上免费做这个测试，它会对所有人的24项优势进行排序，并给你一些建议。

还有两本工具书，一本是《现在，发现你的优势》，另一本是它的升级版《盖洛普优势识别器2.0》，这里面的测试也是建立在大量的数据基础之上的，把人的优势分成了4个维度，34个不同的方面。这两本书内容差不多，我个人更推荐《盖洛普优势识别器2.0》，因为它的数据更新一点。每本书里面都有一个密码，凭这个密码可以上它们的网站去测试，之后这个网站还会把测试结果发给你，给你一些相关的建议。

做测试并不是主要目的，关键在于我们要分析这些优势，并且应用在工作和生活中。有趣的是，这些优势并不是单独产生作用的，你必须要把这些优势结合起来用才有意义。为了帮助大家能够更好地理解这一概念，我在这里举两个实际生活中的案例。

想象现在有一个人，我们可以称他A，A的前五项优势是感恩、理性思考、学习、自律和公正，而排名最后的三项优势是宽恕和慈悲、社交智慧和幽默。很快地，我们就会有一个印象，A这个人喜欢学习，很理性，可能很相信数字，很细致，黑白分明，有点缺乏情趣，有时候做事情不讲情面，有种铁面无私的感觉。

还有一个人，我们可以叫他B，B的前五项优势也是感恩、理性思考、学习、自律和公正，但B排名最后的三项优势和A不一样，是谨慎、谦虚和诚实。当我们相象B的时候就会发现，他的形象和A完全不一样，虽然也很理性，但B的弹性更大，而且能够见人说人话，见鬼说鬼话，同一句话从他嘴巴里说出来，就让人感觉很舒服。

实际上，A和B都是同一家公司里的两个培训主管，一正一副，我过去有一段时间帮这家公司做培训和咨询。在我到这家公司之前，这两个人的工作内容基本上是差不多的。这两个人都是人才，工作能力也很强，也不能说工作没有积极性，但是离自主自发还有一段距离。他们对工作的满意度分别是6.3和6.9，不算太高，而且主要问题就出在对工作软环境不满意——说白了，就是工作的内容不够吸引他们，而且有时候这两个人的观点经常有矛盾，造成了很多内部损耗。

我在看了他们的优势列表以后，决定否定他们副总给我提出的所有建议——不需要改变他们的职权，也不用换掉他们其中的任何一个，也不必专门为他们开一堂沟通方法的培训，只要在一些地方给他们分工一下就行了。凡是具体操作和审核的事都交给A处理，前期沟通、塑造价值、服务顾客之类的事就交给B处理，平时其他的工作内容不变。但关键在于，副总只需要建议就行了，哪些算是具体操作和审核，哪些算是沟通和塑造价值，让他们自己去决定。

两个半月以后，这两个人对工作的满意度提升到8.1和7.8，而且工作的积极性有了很大的提升，因为他们能在自己的优势领域有说话权了，而不是两个人在那里牛头不对马嘴，所以感觉更加能够发挥自己优势了。

我想在这里多说一句，B的谨慎、谦虚和诚实排名在最后，并不代表B的人品很差，不谦虚、不诚实，而是说他在别的地方有更大的优势。寻找优势只是为了帮助你确定发展的方向，而不是分析人格特质的优劣。这些优势的名称没有褒义和贬义的区分，比如诚实，并不是说“诚实”这个优势靠前的人就一定是个好人，也不是说“诚实”这个优势靠后的人就一定是坏人，这都是相对而言的。

即使是同样的优势，如果通过不同的表现形式来展现出来，效果也会不一样。

我有一个顾客，他在做了《盖洛普优势识别器2.0》中的测试题后，发现自己前5项的优势分别是：前瞻、成就、行动、完美、专注，具体的解释我就不详细说明了，简单来说，他就是一个很有行动力，能够把工作做得很完美的人，所以总体的大方向就应该是沿着这条路去发展。他在一家软件公司工作，负责给顾客做产品说明以及后期的服务，之前也工作得很好。当他知道了自己的优势以后，就想更加有效率地在工作中发挥自己的优势。

一开始他做得不错，但实际上却并没有能把“前瞻”这项优势给发挥好。因为他们公司的软件系统都是为客户定制的，所以自由度非常高，他在这行也算是非常有经验了，完全知道顾客以后会有哪些需求。为了发挥“前瞻”的优势，他开始在做产品说明的时候增加了一些额外的建议，认为这样会更好。

但实际情况却事与愿违，为什么呢？原来，顾客定制了一个软件，就是想要省心，结果他说了一大堆备选方案，反而让客户觉得他们的软件太复杂了，后续也就不在他们这里用了。他一开始还不能够理解，后来总算想通了，不是前瞻这个优势有问题，而是他的表现形式有问题，他不应该一股脑地把自己看到的东西都说给顾客听。后来他改变了一下做法，同样利用前瞻这个优势，但不是说给客户听，而是早做准备，备好几个方案，等客户一提出问题，马上就把方案给出去，结果客户就觉得这个人反应很快、很专业。你看，同样是一个优势，换一种表现形式，效果就完全不一样了。所以我们必须要聪明一点，不要一根筋，想想还有什么其他更好的方式来发挥我们的优势。

当然，我刚才提供的两个测试都很好，但是有个小缺陷。虽然它们的测试结果都很精准，但每次测试都要做两三百道题目，过程比较繁琐。如果你并不期望一个精准的结果，而是想将这个过程简化，也可以通过一系列主观题而不是选择题来了解你的情况。我现在来提供一些主观题，请回答以下七个问题：

①我曾经在哪些事情上体会过心流体验？

②我在哪些事上比普通人了解得更多、做得更好？

③别人最常称赞我的是什么呢？

④到目前为止，最令我自豪的事情有哪些？

⑤哪些故事最能激励我或让我感动呢？

⑥我觉得自己有哪些能力没有充分发挥，渴望找到新的途径来

发挥它？

⑦我觉得我在5年之后，在哪些方面会表现非常杰出？

当然，这类主观题最好是有专业人士在你做完之后帮你做更细致地分析，但如果你能花一点时间来做的话，也可以得到一个大致的方向。每一题都请至少写5个答案，然后找到它们的共同点。这里需要注意一点，在寻找共同点之前，需要先把性格优势和技能优势分开来。有时我会看到一些人写的答案都是“我人很好”、“很善良”、“乐于助人”之类，却没有写一些具体的技能优势。虽然这样也可以找到自己的性格优势，但要发挥出来就变得很难了。

很多人会在这里陷入一个误区，觉得无论做什么都会有比自己更厉害的人，自己没有优势。

迈克尔·乔丹已经成为了NBA历史上的一个传说，即使是不喜欢篮球的人也都听过他的大名。作为最强的篮球运动员之一，绝大多数的NBA球员都无法和他匹敌。关于他的故事和丰功伟绩已经不需要我再赘述了，我只希望你回答我一个问题：那些在篮球领域无法和迈克尔·乔丹抗衡的NBA球员，是否在篮球上毫无天分？

答案当然是否定的。作为美国第一大职业篮球赛事，NBA所吸纳的球员都是世界顶尖的篮球运动员，任何一名球员在篮球上都有极高的天分并付出了大量的努力，没有人能够否定这些。因此，不必拘泥于是否有人比自己更厉害，只要你在某方面高于普通人的平均水平，那就是你的优势。

有一本书，叫做《一万小时天才理论》，我强烈推荐大家去看一下。这本书主要是为了论证一个理论：一个人要成为某个领域的天才，必须经过一万个小时的深入练习。但我觉得这本书的案例还说明了一个非常重要的问题：所有的天才在一开始展现出来的优势都是极其微小的，我们没有必要用这些微小的优势来和别人成熟的优势比较。

此外，你还可以把你的优势进行细分。比如说，我的其中一项优势就是演讲能力，但我并不是什么类型的演讲都很擅长，个人状态管理是我最专精的领域，所以我教的销售、演讲课程就和别人教的不太一样，因为那些都是“状态管理”衍生出来的部分。只有把你的优势细分，你才能更深入地去发展。

但很多人不会去想这个问题，中国人更喜欢“跟风”，什么赚钱就去做什么。今天说奶茶铺赚钱，就琢磨着开家奶茶铺；明天说生物科技这个产业有新政策，就都去搞生物科技了。你要是跟他们说讨饭赚钱，唉，全村人就都出去讨饭了。

我认识一些培训师，他们在演讲方面比我更有天分，但他们并没有去细分自己的优势，看看自己适合讲什么，喜欢讲什么。他们关注的是市场需要些什么，讲些什么内容更有“商机”。他们今天讲管理学，明天讲幸福学，名片上的头衔3个月就换一次。还有些人课程还没专精呢，赚到点钱，就去放高利贷了。结果发展来发展去，只能在某个程度上原地打转。企业家也一样，我们看到很多企业家——我都不知道应不应该叫他们“企业家”——刚刚有点资本，就把精力放到主业以外的事情上了，把自己的资产抵押出去，拿钱去投资别的东西。一开始来钱是很快，但时间一久问题就暴露出来了。你只有专精在优势上，把基础给打扎实了，才能长久地做下去。

◎天生赢家，事事找专家

我经常会在课后听到学员对我说："李老师，你那么会演讲，又那么博学，我真是太羡慕你了。"每一次我都在想，为什么他们不多看看自己的优点呢？

如果要给自己找缺点的话，我也可以找到很多：烧的饭菜很难吃，写字不好看，英语水平自从初中开始就没有提高过（最近我发现有些还在读幼儿园的孩子的英语水平都已经超过我了）。如果你觉得这些都是"小事"，那你可以看看以下的内容：作为一个专职的培训师，我制作PPT的能力惨不忍睹，而且至今也没学会键盘打字的手法！

但这些缺点并不能说明我没有资格获得自信。如果你了解加德纳的多元智能理论，就会明白每个人的智力分配是不一样的，有人比较适合做这个，有人比较适合做那个，没有必要用自己的弱项和别人的强项比。记住：我的自信来自于我的与众不同。

很多人说，如果你遇到了挑战，那就不能逃避它，而是得自己解决，否则你就是自我设限——因为人的潜能是无限的，别人做到了，你就理所当然也应该做到，没做到就是不对的。这是什么逻辑？如果你遇到了挑战，确实需要面对它们、解决它们。怎么解决？方法很简单——把它们交给擅长的人去做！

我承认，我还可以有很大的成长空间，但在30岁时能达到目前程度，我自己其实已经相当满意了。但有一次当我说了这句话以后，就有位女士问我："你听过某某某老师的课没？"当得到我的否定回答后，她就尖叫了起来："啊？你说你研究个人状态管理，居然没有听过他的课？那你有什么资格满意？"我很纳闷：我对自己满意还需要别人来评定什么标准吗？况且我们今天是第一次见面，别说来听我的课了，你连交流都没和我交流几句，就敢这么来评定我？

每次遇到这种情况，我就会提醒自己，又碰到"井底之蛙"了。有很多人就是被这些井底之蛙给影响了，他们变得没有自信，因为他们没法达到别人设定的"标准"。就算你达到了他所谓的标准，还会出现第二个人提出另外一个标准，然后是第三个、第四个。于是你就一直没办法对自己完全满意，自信程度也就越来越低。

【学习锦囊】做好分内的事

说起分工，就不得不说到一个心理学概念：交互式记忆系统

（Transactive Memory System），它是指在一个特定的领域里，由于每个人分工不同，他们都会优先记住各自负责的那部分内容，然后互相合作。比如从我小时候开始，我的母亲就负责记住关于洗衣服的一切：什么衣服用什么洗衣液，洗衣机怎么设置；衣服洗好后怎么归类，而我就负责记住手机怎么充值，什么时候充值，怎么在网上买东西。又或者在一个公司里，销售人员并不需要去学习财务方面的知识，有问题可以直接去问财务，这样更有效率。我也不会把我朋友的电话号码全都背出来，因为手机会帮我记下来的。我们不用记住所有的知识，因为我们可以依赖外部载体，在需要的时候直接找到这些资料，这样我们就能更专精在自己的领域里。

虽然这个方法很好，但如果我们希望在一个企业、一个团队里让交互式记忆系统得到充分应用，那还要面对两个实际的问题。

第一个问题是，团队合作的基础土壤是不是完备。如果整个工作环境的气氛很紧张，大家相互之间又没有任何交流，那团队合作就很难开展得起来。如果每个人的头上都顶着很大的任务压力，有忙不完的活，那不管你怎么提倡发挥优势、互相合作，大家也都抽不出手了。如果一个团队里的成员已经忙到连吃饭睡觉的时间都不能保证了，那就算他们的能力是可以互补的，他们也不可能有什么心思去互补，因为他们自己手头上的事情还没有做完呢！

一家民营企业就遇到了这样的问题。这家企业一共只有24名员工，邀请我去帮他们提升整个团队的正能量。这家公司的老总听了我的培训以后，觉得发挥每个人的优势是一件好事，所以就半强制地要求他们的员工互相合作——有同事问你问题就该回答，如果同事有需要你的帮助就无条件地施以援手。但实际情况是，这样一来反而降低了很多人工作的效率，因为每个人都很忙，一旦有人来问一个问题，自己就不得不打断手头正在做的事情来帮你解决其他人的事情，然后再回头去做之前正在做的事情。而且这对很多人来说是多出来的额外工作，不仅很烦，还没有加班费！结果这个做法不仅没能让大家的工作效率提升，还平添了不少怨气。

所以在让每个人发挥优势互相合作之前，我们要做的事是先确保团队里的人是不是真的有足够的时间和精力去帮助其他人，或者说他们之前有没有做过足够的交流。如果他们之间还有利益冲突，那就更麻烦了，在能够解决利益冲突的挑战之前，强行合作只能适得其反。

第二个问题是，我们在实际操作的过程中，总是会发现有人做过头。虽然在工作中发挥我们的优势、相互合作确实可以提高工作的效率，也可以让我们得到心流体验，让工作变得更有乐趣，但也有一部分人在体验过这种感觉以后，开始一味地去追求这种感觉。可实际上，这种心流体验只能去感受，不能去追求，一追求，反而感受不到了。我们说，在工作中发挥你的优势是指更多地关注自己的优势并在恰当的地方发挥出来，最终的目标是让你的工作变得更有效率、更顺畅，工作本身并不会有什么改变，还是会有一些东西是你不擅长的。

如果你把焦点放在那些工作中不能发挥优势的部分，你不喜欢的部分，那就本末倒置了。确实会有一些人老想着这份工作还有哪些地方是自己不喜欢去做的，是自己不擅长的，这样盲目地去追求工作的乐趣，反而会让自己越来越痛苦。负责任地说，我是没有看到过有人可以从不喜欢的工作中获得快乐，即使是自由职业也一样。

在这里我还要多说一句，“接受”自己的缺点并不代表你一定要“喜欢”自己的缺点，你没有必要逼自己去承认所有的东西都是好的。比如你有一个很明显的坏习惯，如果你能接受这是你的一部分，就不会很快陷入低潮。但如果你要把这个习惯改过来，就必须先承认它是不好的。也就是说，你要客观地承认这件事本身还需要改进，但不要造成多余的心理负担。

◎在工作中发挥优势

工作是我们生活中非常重要的一部分，我们至少花了一半的非睡眠时间在工作上。如果你想要增强自信，发挥自己的优势，那就不能浪费这一宝贵的资源。

不管你从事的是什么行业，只要这个行业适合你，你也努力了，那一般都不会缺钱——不一定会大富大贵，但至少不会缺钱。三百六十行，行行出状元，巴菲特不是因为想成为世界首富才去投资的，而是投资这个领域正好是他的优势而已。你不知道自己的目标在哪里，也不知道你有什么优势，那你跑去做什么风险都是很大的。

但现在的主流思想并不怎么关注优势发展，大家更在意的是金钱，或者说是更多的金钱。我的一个朋友曾经对我说过，赚钱才是最实在的，其他东西都是虚的，如果你的身高不够，拿钱垫上就可以了。这直接造成了金融行业和公务员的工作紧张，因为这才是符合“钱途”的大道。殊不知，如果你无法在工作中发挥自己的优势，也就不会有自信，更别谈激发潜能了。

我在帮助一些企业调整员工状态的时候发现，有些员工可能已经在现在的工作岗位上干了很多年，但是却一次都没有彻底发挥过自己的优势，即使是高管也不例外。比如说，我经常会遇到一些由金牌销售员转成的企业高管或团队领导人，他们因为自身管理风格的局限而遇到瓶颈，于是来寻求我的建议。虽然我会尽可能地为他们出谋划策解决眼前的问题，但我总是认为他们的天分更适合销售人员的岗位。大部分公司都会把表现优异的销售人员“提拔”成为管理者，因为他们觉得比起一线那种又艰苦、又有挑战性的工作来说，成为管理者毫无疑问是一种“升迁”。但其实这种“升迁”反而浪费了这些金牌销售人员本身的优势，让他们被迫去处理自己不擅长的工作，行动力和活力反而没有升职之前强了。这正是管理学中一直力图回避的“彼得原理”：在一个组织中，大家更倾向于对某个称职的人进行晋升来作为奖励，结果被提拔的雇员总是容易晋升到不合适的位置上。

所以有人可能是个好司机，但我们却把他安排到了车队组长的位置上做管理的工作；可能是个好秘书，但我们却把他放到了人事部经理的位置上做人事工作；可能是个好业务员，但我们却把他放到了公司管理层做公司的战略规划，这反而是浪费人才。

虽然很多人都不知道如何在现在的职位上发挥自己的优势，但是一旦可以发挥自己的优势，得到的改善也会相当明显。有个小组领导人参加我的培训以后，发现自己的其中一个优势是收集资讯，就马上应用在每月的总结报告里，结果他的总结报告就特别有可信度，说服力很强，马上就脱颖而出了。还有一个整体橱柜的销售人员已经做了将近10年的销售了，从小就喜欢历史，有很深厚的积累，但他一直把这个能力作为业余爱好，从来没有想过怎么利用这个优势来增加自己的销售业绩——这个团队文化里没有说，员工培训的时候不会讲，他的上司和同事也没有一样的优势，所以他也从来没有想到过。当他决定在工作中发挥自己的优势后，就开始尝试在销售过程中加入一些历史和文化的东西，效果非常好，越是高端的客户越是能够欣赏他的这个优势，用这个来维系顾客的效果比单纯地用公司提供的售后服务流程不知好了多少倍。他的团队还把他的话整理起来，当做母版来给其他的销售人员做培训。

最关键的是，在发挥优势以后，员工就会变得主动，自己愿意去工作了，因为发挥优势会在他们自己的积极感受和工作之间做一个连结。比如我们刚才提到的那个橱柜销售人员，资料整理的工作就是他自己做的，公司没有付给他一分钱的奖金，但他也做得很开心，而公司在实质上也获得了很大的利益。

巴菲特有个很有名的故事，据说他曾经对自己的子女说："你们即使是去捡垃圾，也要做到第一名！"但有一次我看到有个电视节目在采访巴菲特的儿子，他说，巴菲特的原话应该是："我爱你，不管你们去做什么，我都爱你们，即使你们去捡垃圾，我还是爱你们，只要你们自己有成功感就好。"经过整个社会的演绎，巴菲特的本意就完全被扭曲了。

时至今日，整个社会的氛围都已经变得不太正常了，大多数沦陷其中的人往往会给自己找一个借口：这就是现实。现在大多数人讨论的重心集中在经济上的成就：工作的意义从实现自我价值变成了工资的多少和福利的好坏；结婚的意义从爱情变成了买车、买房和贷款的压力；孩子的意义从老天的礼物变成了一大笔额外支出……我看过很多人所谓的"目标本"，里面的目标不超过10个（当然也有人列得更多，但数量其实毫无意义），内容都很单一，无外乎什么时候赚到多少钱，或是什么时候升到什么职位，然后赚到多少钱。当然了，赚钱不是什么坏事情，可我已经越来越少地听到人们说自己又有了什么样的成长，生活中又发现了哪些快乐——特别是那些与金钱无关的成长与快乐。

现在有很多人在鼓吹，我们的潜能是无限的，只要我们有足够的意愿，就可以做到任何我们想做到的事情。当然，如果你没有做到的话，就是意愿和努力不足造成的。但我并不认同这种观点——虽然人与人之间没有贵贱之分，但每个人都有着自己该做和不该做的事情。比如你是一个企业家，一年赚一个亿；我是一个演说家，一年赚100万。100万已经足够我一年的生活需求了，不仅可以让我吃饱穿暖，还可以满足我对审美和品味的需求。但我心理不平衡，凭什么你就赚一亿啊，我也要开公司，我也要让公司上市，反正我的潜能是无限的。但当我这么做了以后不仅没有赚钱，反而亏了很多钱，因为经营企业根本就不是我能力上的优势。如果你设定了一个不适合自己的目标，很可能连你原来已经拥有的东西都会失去。意愿越强烈，失去得越多。

就算你的心理没什么不平衡，但你的父母、老师或是你未来的另一半却有可能希望你去做一些更有“前途”的职业。

我刚开始做演讲的时候，当然不会像现在这么顺利，经常是有上顿没下顿。当时就有个长辈想来给我介绍工作，我说我有工作，研究和培训都要花去我很多时间。她的回答很有趣：“我知道你做这些事，我只是想给你介绍一个正经点的工作。”这就像我讨了个老婆，然后有人来给我介绍女朋友。我说：“我结婚了啊！”对方说：“我知道，我是来给你介绍一个正经的女朋友的。”

在这一点上，可能我们从小受到的教育本身就是有问题的。现在我们要表扬一个小孩，一般怎么来形容？常见的说法是，这个小孩很乖、很听话。我们可以看出来，大多数父母希望培养出来的小孩是顺从的，是容易控制的。当然，父母的本意大都是好的，但大家仔细想一想，这符合人类的本性吗？这只会让被压抑的部分积累得更多，反弹得更厉害。你越是要他顺从，孩子失去的东西就越多——大多数孩子的活力、创造力等都没能被用在有建设性的事情上，反而用来想办法去对付你这个剥夺他们自由的坏蛋，太浪费了。

我从小就很喜欢演讲，而且会去找一些学校不会教的东西去学，比如宇宙是怎么形成的，它膨胀的速度是多少之类——当时我只在二年级。我也展现出优秀的“说服”能力，不光是别人看得出来，我自己也很清楚。可是从来就没有人说过，应该把这孩子培养成为一个心理学家或者演说家。他们会告诉我，有空说那么多话、学这些“偏门”的知识还不如把字练练好、学个一技之长什么的。在当时，一个学者的社会地位还比不过一个卖螃蟹的。

后来我在大学毕业以前尝试了16份工作，最后决定进入销售行业，因为我觉得这个最能体现我的优势——我喜欢讲话，也喜欢和人打交道。即使现在也一样，面对人我就能够很随意地讲话，光是架一台摄像机对着我就会显得有点拘谨。但当时我的父母完全不能接受我的这个选择，很失望，甚至很伤心，他们不明白我为什么要选择一个不管什么学历都可以从事的工作。我母亲就在我面前哭过好几次，不只是因为担心我，还因为她受到了很多社会舆论的压力，说你怎么能就这样放任小孩自说自话呢。那段时间我也承受了相当大的压力，幸好我挺过来了。我把这段时期听到的社会舆论总结了一下，于是写了我的第一本书《赢在打击》。我可以告诉大家的是，挺过来以后，“柳暗花明又一村”。当你能够发挥你的优势来做一些事情时，你的自信就会提升，而潜能则会被持续开发，最终进入良性循环。

【学习锦囊】做你擅长的事

如何在工作中利用优势提高自信呢？最简单的办法是，找一份能够发挥你优势的工作。

由于我的工作性质，经常会有很多人跑来问我，他们去做某些工作会不会更好。但是他们的理由大多都是“这个行业很有前途”、“我认识的朋友有相关的资源”，事实上这些理由都是很有问题的。关键问题不是这个行业有没有前途，而是是否能够让你发挥你的优势或者和你的目标有没有关系。

现在我除了培训和研究以外，还写书、上报纸、上电视，有些杂志还会请我去为他们写专栏。我有一些同行见到我的时候就说：“这不错啊，把操作方法和我说下，我也操作操作。”我只能告诉他：“把该做的事情做好就行。”我不是不想告诉他什么秘诀，但我每天的工作就只有学习、培训、练习而已。不用去搞什么虚的东西，你的优势发挥出来了，那些该来的都会来的。

丁俊晖的故事已经变得家喻户晓了：他的父亲丁文钧发现了儿子的潜质，决定培养他走台球之路。可惜这条路并不好走，丁俊晖一家花光了所有积蓄，卖了老家的房子，把丁俊晖送到英国，最后一举成名……所有人都赞叹丁文钧眼光独到，大胆果断，这一步走得真好！

让我们暂时先把自己的目光从这位台球英雄的光环中移开，看看另一个虚拟的人物：我们的朋友张俊晖。他的父亲张文钧发现了儿子的潜质，决定培养他走台球之路。可惜这条路并不好走，张俊晖一家花光了所有积蓄，卖了老家的房子，把张俊晖送到英国，最后……

他一次也没有获得冠军！可恶的丁俊晖一直把他的风头抢去，结果他就这样一辈子默默无名。不过他并没有为此忿忿不平，而是开心地打着自己喜欢的台球，而一些小型赛事的奖金也足够他养活自己了——对于张俊晖和他的父亲张文钧，大多数人会赞扬他们吗？当然不！张俊晖和他父亲就是不学无术的典型！

自从我成为一名专职讲师以后，我就一直被业界诟病"赚钱的速度不够快"。我曾经与一位台湾的"大师"（至少他是这么自称的）讨论，凭什么一个讲师成不成功一定要用赚钱的多少、赚钱速度的快慢来衡量？难道不应该是以他创造了多少价值或是帮助了多少人来衡量的吗？结果对方告诉我，我是不可能成功的，因为我根本就没有强烈的企图心——我很久以前就觉得，"企图心"这个词其实早就已经被玷污了。

总之，别去管别人的看法，你只需要知道自己真正想要的是什么、自己的优势在哪里就行了。对我来说，研究、演讲和一对一服务都能让我帮助别人，也能让我赚到钱，最重要的是这些能发挥我的优势，我很擅长这些，也很享受这个过程。

但在这个过程中，我们很容易就会犯贪心的毛病。如果你已经做过了刚才所提到的测试，那一般都会找到自己的好几个优势，但这些优势并不一定能够在自己现在的工作中完全发挥出来。所以，有些人就会产生一种感觉，觉得现在这份工作并不是最适合自己的，因为一份真正适合自己的工作应该可以让自己的每一个优势都充分地发挥出来。当然，在理论上，这个理想的工作是有可能存在的，但我们在实际生活中几乎看不到这种情况发生。绝大多数的情况是，某个工作可以让你发挥自己的一部分优势，但另外一部分优势不见得能够在工作中全部用上。有些人为了这个理由而跳了很多次槽，不停地换工作，但却绝望地发现每一份工作都不够“完美”，而这其实也造成了很大的损失。事实上，不够“完美”的工作对我们也是有很多积极意义的，很多人正是因为在现有工作中无法用自己最喜欢的方式来做事，才发现了自己以前没有意识到的优势。

关于贪心这一点，可能还有更深入的原因。现在我们或多或少都会受到社会舆论或气氛的影响，给各种职业贴标签，然后根据这些标签来评定一份工作的好坏。比如我们来看，如果你现在听到“公务员”这个词的时候，你觉得这是一份怎么样的工作？很多人马上就会给这份工作贴上“很稳定、收入很高”这样的标签，但体制内的公务员会告诉你，他们的工作强度非常大。如果一个销售人员能够完成整个公司80%的销售额，那他就应该是这个公司最有价值的人之一。但情况并非如此，如果他上面还有一个销售主管，那在外人的眼里看来，那个管人的主管的社会地位就应该比这个销售人员更高。·

如果有一位富有盛名的企业家做了一场演讲，就一定会有一些人被这个企业家的魅力所折服，然后希望自己有朝一日也能成为企业家，站在聚光灯下雄辩滔滔，接受大家的鲜花和掌声。如果这个时候他/她也做了测试，知道自己最大的优势其实是“文字处理能力”和

“创造力”，那他/她最有可能做的并不是发挥这两项优势先去找一份文职工作，而是认为这些优势“没有用”。对他/她来说，“企业家”这个职业的魅力实在是太大了，大到可以让他/她失去理性的判断，不愿承认自己的优势。他/她真正想听到的是他们拥有无与伦比的创业天分，或是如何通过文字处理能力来成为一个优秀的企业家。

但事实上，并不存在“没有用”的优势，只是“没有被充分利用”罢了。如果你无视自己的优势，只想去赚更多钱或者得到更多的认同。很可能连你原来已经拥有的东西都会失去——意愿越强烈，越努力追寻，失去的也就越多。

总之，在寻找能够发挥自己优势的工作同时，也要把握好自己对“发挥优势”的期望度，合理地在工作中发挥自己的优势。

◎如何激发他人潜能

在潜能开发的领域，除了自我激发以外，还涉及到激发他人的潜能。很多人都希望能够激发自己和他人潜能，这样就可以无往而不利了。

实际上，如果你想激发他人的潜能，就必须先集中所有的精力来改善你自己。只有你自己做到了，才能有足够的状态去激励别人。关于这点，印度的圣雄甘地有一则很有趣的轶事。

作为政治领袖与人生导师，印度国民很喜欢拜见甘地，希望能得到提点。

有一次，一位母亲带着六岁的小儿子拜见甘地，对他说："我儿子非常喜欢吃糖，医生说这样对他不好，但没人能阻止他。我儿子非常崇拜您，只有您能制止他这种行为，请您告诉他不要再吃糖了。"

甘地思索了片刻，对这位母亲说："太太，请你下个月再来。"

母亲抗议道："可是，我们走了三天三夜才来到这里啊！"

甘地仍坚持："请你下个月再来。"

一个月后，母子俩又来了，母亲再次恳请甘地："甘地先生，请告诉我儿子不要再吃糖了。"

甘地看着小男孩的眼睛说道："小朋友，你不要再吃糖了。"

小男孩点点头，答应了。他的母亲很费解："甘地先生，为什么您上个月不能说这句话呢？"

甘地回答："太太，你知道，上个月我也很喜欢吃糖。"

身先士卒，这或许就是甘地能够帮助那么多的人，鼓励他们发挥潜能的最大原因吧。

此外，我们还发现，一个真诚的人也更容易激发他人的潜能。没有人会被没有诚意的人激励的。如果你要表扬一个人，就不要用一些套话来赞美他，而是把他具体好在哪里给讲出来，或者直接用行动表示出来。你不用担心对方感受不到，大家都没那么傻。顺带一提，我要是对一个人没什么好感，也一定会很真诚地表达出来。

如果一个人更愿意为我们付出，那我们就更容易相信他/她，自然也更愿意被他/她激发。但大多数人并不习惯先付出，而是习惯接受他人的付出，或是要求他人先付出。

从7年前开始，我每一次培训训练课程的时候都会有人问我"收费能再便宜点吗"、"场地能不能离我那近一点"之类的问题，即使是免费的公益培训也不例外。他们的意思其实就是"你不能为我多做一点吗？”你要记住，你不能为别人做点什么的时候，你无权对别人要求更多。

我在一开始做公益演讲时，基本上都是免费的。后来我要走职业讲师这条路的时候，决定最后要来一次大赠送，在淮海路上借了一间相对来说比较豪华的演讲厅，每人只收80元场地费。结果当时有一个朋友和我说，他比较缺钱，不想花钱来上这个课，能不能免费让他来。可笑的是他在打电话向我哭穷的时候正在披萨店吃披萨！

你在工作的时候很努力，是为谁在付出？其实不是为公司，而是为你自己。你在工作中付出越多，就是对自己付出越多。如果你一点都不付出，那明天你可能就没有付出的机会了。

但在你付出之前，必须要先知道对方有什么需求。

再举个例子，每一代人都有他们的特点，无论在什么年代，老一辈都很难让年轻人真正信服，因为他们老拿自己认为正确的价值观去激励他们。比如说，一个“50后”要去激励一个“80后”，就把他找过去谈话，说，领导都很重视你，你要努力，等等等等。对“50后”来说，这样做效果是很好，因为这代人需要被重视，组织需要我，就代表我有价值。但“80后”不吃这套，因为从小他就被大人簇拥着，社会认同感方面的需求早就被满足了，你得从别的方面去激励他，比如社会贡献之类的就要比社会认同更有效。

很多企业的老总或者高管在外面学习了以后，以为掌握了新知，回去以后就要求员工每天早上一起跳舞，或者大声朗读一些积极的话。这样做本身是没有问题，但他们没有意识到，这些员工并没有学习过相同的东西，他们都觉得是老板发神经了，这样做反而起了反效果。

你和一个连肚子都吃不饱的人谈远大理想，和一个没见过什么世面的人说一个很长远的计划，他怎么可能被你激励起来。他没有被激励起来是谁的错？对，就是你的错，是你想当然，没有用一个正确的方法去激励他。如果自己失败了，还会说是对方“烂泥扶不上墙”。让我们来回想一下，自己有没有做过这种蠢事？要么是对你的父母，要么是对你的另一半，要么是对你的小孩，也可能是对你的同事、你的下属。难道他们就从来没有被激励起来过吗？你有没有去在意过他们是被什么激励起来的？你自己都讨厌被迫去做不喜欢的事情，怎么就不想想他们呢？

这让我想起另一个故事。

从前有个油画家画完了一幅得意之作，想向人展示一番。于是他找到了当地一位贵妇，请她来欣赏这幅油画。

画家深知贵妇喜欢用手摸画，于是再三叮嘱贵妇：画作刚刚才完成，画布上的颜料还没干，请千万不要用手去触碰。

但这幅画实在是太漂亮了，贵妇还是没能忍住摸了上去。

画家勃然大怒：“我不是说了，别用手摸吗？颜料未干！”

贵妇则一脸平静：“没事，我戴着手套呢。”

这个故事里的贵妇人确实非常自我，但如果我们反过来思考一下，这位画家其实也没有了解贵妇的真正需求，没有用正确的方法让这个贵妇人听懂他的真正意思。事实上，这是一个关于“激发他人”的典型负面例子。

【学习锦囊】坚持好习惯

如果你要让自己变得更好，就要让那些好习惯成为你日常的惯例。

在很多人眼里，我是一个拥有非常强自律性的人，因此我有今天的成就是水到渠成的。很多人都和我说，如果他们能像我一样有足够的自律性，那他们也会更成功的。如果你也是这么想的话，那我接下来要说的内容很有可能会让你失望，也可能会否定你现在的价值观。

自律，或者你也可以把它称为自控力，并不像很多人以为的那样是一种与生俱来的能力。自律的本质其实和体力一样属于消耗品，用完就没了，之后需要通过休息来恢复，想通过提高自律来让自己更成功的人得花上更多的时间和精力。这也很好地解释了为什么那些过分节俭的人自律性反而比较低，更容易焦躁或是有攻击性——因为他们经常会为了省钱而克制自己，而他们却认为这是一种美德。

不过这里还有一个好消息，你可以把你想要做的事情变成日常的惯例，这样可以达到相同的效果。那些看起来很有自律性的人，包括我在内，只是把很多事情变成习惯罢了。虽然我能够在很多方面做到自律，却在其他很多地方显得很没自制力，比如抗拒不了甜食的诱惑。为了健康我很少会在半夜吃东西，不过甜点却是来者不拒。

这里有一个问题，主动地建立新习惯的过程需要消耗大量的自律，你需要聚焦你的自律来建立你新的日常惯例。这就意味着一次最多只能去建立两个新的日常惯例，我个人建议一次只建立一个。所以说，一个人要养成很多好习惯是需要时间的，有句话叫做“一个贵族需要三代的培养”，就是这个意思。

可是有人告诉我，自己觉悟得太晚了，现在有很多方面需要立即改变，希望我能给出一些“简便方法”。他们认为：毕竟我在个人状态管理方面研究了那么久，多少会知道一些“简便方法”才对。

我可以给你的唯一建议就是，你要为你自己的过去负责。我们之所以没能养成好的习惯，就是因为过去并没有付出努力，或者没有用科学的方法去努力。我确实知道很多所谓的“简便方法”，它们都号称可以迅速改变一个人，让一个暴发户瞬间就成为一个贵族。但从长期看来，这些权宜之计不仅没有效果，而且大多数还是非常有害的。有些方法看起来很有道理，却没有人能坚持下去。没有坚持下去的人会觉得是自己的意志力不够，然后对自己失去信心，但其实是那些方法本身就有问题。让一度放弃的人重新行动起来要比让一个新人去行动困难得多，他们反而不太容易成功。很多事情，只要你做过了，必留下痕迹。

有些著名的激励大师，比如安东尼·罗宾可以在很短的时间里就把你的状态提升到一个很高的高度。可如果你去研究他的课程就会发现，如果要把这个状态给稳定住，让它持续地起作用，也要花上三个月左右的时间——就平均速度来说，也不能说是很快。安东尼·罗宾之所以备受推崇，很大一部分原因是他有办法让你在这三个月一直持续地行动下去。

我们说某人有远见，什么是远见？不只是能够把握趋势，还要能正确地估计价值。我们说，健康很重要，大家都认同，可还是有人经常熬夜、抽烟、缺乏锻炼；我们又说，少壮不努力，老大徒伤悲，大家也都认同，可还是会赖床、偷懒、浪费时间；现在又说了，你要长时间地去行动，这样才能真正改变你的命运，大家都在点头，可还是有人只保持三分钟热度，甚至连三分钟都没有。如果你真想改变自己，就必须把眼光放长远一些，持续地行动，直到这些行动成为一种习惯。

由于潜能开发的本质是开发一个人的自信，因此如果你想要激发别人，就得给对方希望。如果一个人连一丝希望都看不到，就不可能有自信，更别说潜能了。

其实，所谓的“希望”包括了两方面：一个是你觉得它成功的可能性有多少，另一个是成功以后的回报有多少。就算你没有明确地说明这两方面，大脑也会自动地去计算。一般来说，如果你认为一件事情成功的可能性很高，回报也很好，那就自然会花更多精力去做这件事情。顺便说一下，这种心理模式其实和赌博没什么区别——考虑它的成功率，考虑它的回报率。所以说人生就是一场赌博。根据对赌博的研究发现，大部分人都会更倾向于选择回报率更高的选项而不是成功率更高的选项，特别是在失败了损失也不会太大的情况下。所以有的时候，即使你认为一件事成功的可能性没那么高，但成功后的回报却非常高，那也会花很多努力去完成它，比如说买彩票。创业也好、男孩子追女孩子也好，也都是一样的道理。

所以每一个聪明的领导人都会在团队内设立几个标杆，让团队成员能够看到，在自己未来工作的每一个阶段都有那么几个人，他们的能力比自己强，收入比自己多，职位比自己高，这样才能看到奋斗的方向。反过来，如果团队成员发现10年前在这里工作的老员工也只是在混日子，拿着和自己差不多的工资，职位也不高不低，请来管理自己的都是些外部聘请的“空降兵”，那谁会看得到希望呢?

最后，我们还需要考虑激发他人的道德性。

要激发他人并不是只有技术层面的问题，它和道德也是分不开的。激发他人的能力可以产生很大的影响力，有的时候也有一些其他名字，比如煽动能力或者鼓吹能力等，这完全取决于你的价值观和思想境界。当我们拥有了这种能力后，必须要有强烈的道德操守，更加注意自己的一言一行。我也看到有些拥有激发能力的人先来一阵狂轰乱炸的激发，然后就撒手不管了，随便你去自生自灭。如果最后得到的结果不够好，就说是被激发者无能。如果你真的去激发了某个人或者某个团体，那就拜托你负起责任来，花点时间去观察他们，指导他们，给你的激发对象适当的反馈，让他知道他哪里做对了，哪里做错了。这样，才有可能知道你到底会把别人引导到一个什么地方去。

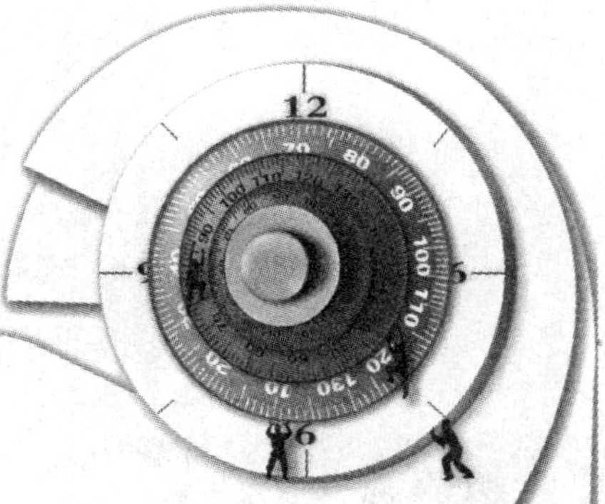

第4章

目标状态管理：找到属于自己的目标

◎目标：一切的源头

◎让目标染上你的个人色彩

◎目标设定的具体方法

◎目标设定的致命误区

◎让工作目标与生活目标相结合

◎通过学习达成目标

◎获得更好的学习效果

◎一张一弛，文武之道

◎目标：一切的源头

在个人状态管理的体系中，设定一个合理的目标是一切的源头。如果你没有一个现实且明确的目标，那就算之后学了再多的技术都难以发挥作用。而且除了一些短期目标以外，我们还应该有长期的人生目标。

有人会觉得，在如此多变的时代，长期目标还有意义吗？答案当然是肯定的。很多人都有迷路的经验，那我们在迷路的时候会走得很快吗？当然不会，一定是走走停停，因为不知道方向啊！人生目标也是同样的作用，为了避免自己陷入迷茫，你可以先定一个大方向，遇到具体问题再修正路线。请思考一个问题：我拥有自己的人生目标吗？

我从一篇报道中悉知，耶鲁大学在1953年做了一个非常著名的跟踪调查，其中也研究了目标对人生到底有多大影响。他们对一群智力、年龄、学历、环境等各种客观条件都差不多的年轻人进行了调查，发现

27%的人没有任何人生目标，60%的人的目标很模糊，10%的人有很清晰的短期目标，3%的人有很清晰的长远目标，连以后要用什么品牌的钢笔都计划得很清楚。20年后他们发现，这3%的人都成了各个领域中的顶尖人物，而他们创造的价值超过了另外97%的人的总和！

可见，如果一个人在很年轻的时候就能够有一个清晰明确的目标，那你在之后的人生道路上就能扛住更多的压力，达到更高的成就。我知道对有些人来说，一开始就定下一个详细的人生目标可能还有点挑战，好在大家还有时间和机会，而且现在已经在阅读本书了。

【学习锦囊】目标是旗帜

我们从小到大接受的教育主要是为了增强我们的实践能力——如何考好成绩、如何上好学校，如何找好工作。后来在接触到实际问题的时候，我们意识到学的东西好像不太够，于是就参加些培训来继续充电，内容包括：如何提高销售业绩，如何管理好自己的团队，如何让你的孩子听话——我不是说这些方法不重要，这些方法也很重要，我自己也会教别人很多方法，比如销售或者演讲的技巧。现在的社会中，大多数状态不好的人并不缺乏能力，他们缺乏的是目标。

目标设定的实践过程中，很多人感觉自己的目标非常清晰，事实上却漏洞百出。这可能是因为大多数人没有受过这方面的训练，也有可能是因为我们还没有认识到设定目标的重要性。更多的人会告诉你人不能好高骛远，年纪轻轻却口出狂言，达不成的话怎么办；又或者会告诉你，计划赶不上变化，很多事情不是你能掌控的。我曾经听别人说过我所倡导的理念太过崇高，是不适合大多数人的，认清形势要比有一个目标更重要。所以大多数人并没有去仔细想过自己有些什么目标，甚至刻意地回避这个问题。事实上，很多人状态不好的原因并非缺乏能力，而是缺乏目标。

于是乎，大部分的人都只是想赚钱来维持现在的生活，他们并不会花时间去想自己到底要成为一个什么样的人，为了达到这个目标自己应该去做些什么。现在有很多人都渴望成功，但不管你是怎么去理解成功的，它都需要一个更健康、更完善的自我作为前提。没有目标，你就不会有动力，生活会变得很无聊，做什么都没劲。

一个比较常见的问题是，很多人看似在追求目标，但实际上并不知道自己真正的目标是什么。有些人的目标并不是他内心真正渴望的东西，只是受到了环境的影响而已。我在2009年受邀为上海同济大学做一场演讲，当时有一个问答环节，结果现场出现了两拨人：一拨问我有关创业的问题，还有一拨则问我“您对中国的研究生怎么看”。我当时做了个调查，发现对创业感兴趣的都是大一大二的学生，而急切想知道自己是否应该考研究生的都是大三大四的学生。我并不想区分出创业和考研究生孰优孰劣，关键是很多人并不清楚走哪条路更适合自己更能达成自己的目标啊。

在之后的章节中，我会帮助你找到真正属于自己的目标。

◎让目标染上你的个人色彩

2003年，我开始从事销售工作。销售部主管要求我把自己的“梦想列表”交给他。一周以后，我将写了六个梦想的列表交给了主管——五个是抄的，一个是凑的。那个凑出来的目标是：2016年买一辆法拉利。

当时的我并不知道法拉利哪里好，只是知道有一种高档车叫做这个名字，这个梦想应该会很耀眼。事实上，在之后的一年以内，我都没有见过法拉利，直到我的团队成员向我提议“去看一下自己的梦想”。

到了法拉利专卖店，我近距离地观察了这号称“车中之王”的汽车。那时我才真正意识到，我根本不喜欢这辆车——并没有什么特别的理由，只是单纯地不喜欢罢了。

很多人会和10年前的我一样，在最初设定目标时选择了一些看起来“很帅”的目标，但那其实根本无法给自己动力。相对于自己真正的目标，我们更容易被他人影响，设定一些在别人眼里“好看”的目标，因为这样看起来更有面子。

我非常喜欢玩电子游戏，在我的计划里，会设定一段时间痛痛快快地去玩几个大作。很多人就说，李老师，你是一个认真努力的人，应该以学习和工作为优先，怎么能在人生目标里设定玩电子游戏呢，你这不是带坏别人吗？其实我不觉得工作和玩电子游戏作为目标来说有什么本质上的区别，只要不是太过分，目标本身就没有好的坏的、有用没用的区别，重要的是它能给你带来动力、快乐和幸福，难道你以为工作到过劳死就是认真努力的表现了吗？但对我来说，还有更重要的目标，在达成那些目标以前我会先把电子游戏放一放，不是不去做，而是在更合适的时候去做，因为我觉得如果一边玩好玩的游戏，一边还想着没有完成的工作，无论对游戏还是对工作都顾此失彼了。

在四处讲课的日子里，我从我的学员和顾客那里见识到了许多不同的人生目标：获得巨大的财富，让家人幸福，环球旅行或是帮助弱势群体等等，这些都是很棒的目标。那你真正的目标又是什么呢？

我经常会在培训中播放一些视频来观察大家的价值观。比如我放了一段迪拜的伯瓷酒店（又称帆船酒店）的宣传片，大家的反应就有很大的不同。有一部分人会觉得“好棒哦，这辈子一定要去一次”，而另一部分人却觉得“虽然是很好啦，但这个离我的生活有点远”。如果你觉得这件事情对你来说有点不太实际，就不要把“去迪拜的伯瓷酒店住一晚”作为目标，因为那是没有用的。不是说别人都设定了很大的目标，你的目标没那么大就会很没面子，这不存在面子不面子的问题，只是要选择最适合现在的你的目标。或许再过几年，这个目标在你的心里就没那么遥不可及了。

【学习锦囊】RAS资源导向理论

在这里，我想先介绍一个非常重要的理论：RAS资源导向理论。需要事先声明的是，RAS只是一个假说，目前为止我并没有查到任何关于RAS的科学实验或者测量数据来证明它，在心理学上比较相近的概念是“知觉的选择性”和“随意后注意”。但很多励志的资料和某些临床应用中都出现了这个理论，我在这里也必须要提一下。

简单来说，RAS系统就像是大脑中的GPS系统一样，会指导你达成你所想要达成的目标。它的原理是在众多的资讯中筛选“有用的”资讯进入你的意识，以此达到让你的动力最大化的目的。

那么，大脑是如何判断哪些是有用的资讯，哪些是没用的资讯？

答案是：这取决于你对哪些有感觉。我们的大脑构造决定了我们设定目标、以及给目标排列先后顺序都依赖于我们的感情系统，因此如果你非常渴望达成某个目标，那RAS系统就会为你筛选可以达成这个目标的资讯。

如果你对自己设定的目标没有感觉，就很难去实现它。这就可以解释为什么有些人连摆在眼前的机会都看不到，因为他们对自己的目标并没有足够的感觉。

我觉得我买衣服时的情况可以很好地说明这一点。由于我对西装的个人偏好，有很长一段时间我几乎天天都穿着各种正装。直到我的形象设计师发出了警告，我才决定购买一些非正装来穿。当时的情况真的很有趣：我和我的形象设计师走进了百货大厦，到了销售服饰的那一层楼，在我看来，这一层只有卖西装！其实，这一层有很多店铺卖西装以外的服饰，但这时RAS起了作用，只让我看到了我所在意的正装！

好消息是，如果RAS确实存在，那它会自动帮你搜寻一切会实现你目标的资讯——不管是人、事还是物。你对什么目标有感觉，它就帮你搜寻相关的资讯。

◎目标设定的具体方法

设定合理的目标并非想象中那么难。首先，我们要习惯“结论式思考”。不管你要做什么，都先问自己一句：“我真正想要的结果是什么？”当你有了一个具体的目标来指引你的大方向，就会减少你浪费时间和精力的可能性了。

所谓的结论式思考只是给你提供一个方向，让你的行动更有指向性，并不是叫你只考虑结果而不考虑过程。你一定要分清两者的区别，因为现在有很多人鼓吹一切看结果，以成败论英雄，这对你的身心状态会有很大的负面影响。

即使如此，一个好的结果还是能起到很大作用的。大脑在一定程度上会根据结果来重组我们的记忆，以此来操纵我们当时的感受。即使过程很痛苦，如果最后的结果还不错的话，那我们回忆起这段往事的时候，痛苦感就没有当时那么强烈，有的时候我们还会说，这段痛苦的经历是有着重要意义的。反过来也一样，如果结果很糟糕，那你对这段经历的解释也会更消极，不管这个过程中发生了多少快乐的事情也没有用，因为大脑会认为那是没有意义的信息而把它们彻底抹消掉。

如果你和你的女朋友去旅游了一个月，期间有些事情不像你们想象中那么顺利，你们还吵了几次架。到了旅行的最后，你向她求婚了，然后你们结婚了，那不管她什么时候回忆起这段旅行，都会认为这是一次非常浪漫、非常完美的旅行，那些不愉快的经历不是被消除了，就是被赋予了积极的意义。

如果你能够知道自己真正要的是什么并真正获得它的话，那就能更乐观、更积极地去达成下一个目标。

当然，很多人会因为压力的关系无法进行结论式思考，比如说有时间压力，或者有人对你施压。你的压力承受能力越低，就越容易被当时的环境或者气氛所影响。如果你处在一个很大的压力之下，就更容易失去自己的判断，受周围环境的影响，变得随波逐流。基本上90%以上的骗术都是基于这个原理，去营造一个很紧急的场景。这就是为什么即使这个骗局漏洞百出，还是会有很多人上当。这时，我们需要的不仅是目标，还需要良好的抗压能力和情绪管控能力。

只是拥有目标并不能帮助我们最终达成目标。在找到我们真正的目标之后，还需要通过一系列后续步骤来帮助它实现。那么，我们需要做些什么呢？

首先，把目标清楚地列出来。

不要把目标留在你的脑子里，而是用白纸黑字写下来。用文字把目标书写出来会对你自己产生积极的影响，经常看一看则可以加强你的大脑和目标之间的神经联结。

有些人会说，我不知道写些什么才好。这句话的意思其实是：我不知道写了对不对。其实，你一定知道自己要的是什么，只是不敢写下来罢了。

我经常会让人们做一个练习，叫做“五年后的自己”。简单来说，就是让你写出自己在五年之后是什么样的。毫不令我意外的是，和成人比起来，年纪小的孩子们更敢写——我并不是赞叹孩子们写得有多夸张，而是感叹他们犹豫的时间更少。我有一次作为社工为30多位初中生做了一次辅导，在做到这个练习时，他们根本就是毫不犹豫地表达出未来的自己。可见，要写下自己的目标并没有那么困难，我们只是一时丧失了这项能力罢了。

其次，把你的目标告诉所有人。

在我身边经常会发生这样的情况：我拥有一些朋友急需的资源或是人脉，但直到整件事情结束，我都不知道他们需要这些资源和人脉。人都爱以己度人，所以会习惯性地认为自己紧缺的资源别人也同样紧缺。实际情况往往相反，很有可能别人手上有很多他自己用不上的资源，却是你所急需的。你不说，别人就不会知道。

但千万不要搞错分享的内容——请你告诉你的朋友你为什么决定达成这些目标以及打算如何达成这些目标，但不要去详细描述达成目标后的细节和成就感。近年来心理学、行为经济学和社会学的各项研究都明确表明：我们的大脑是很粗心的，当你详细描述达成目标后的细节和成就感时，它极有可能会误以为你已经达成了目标，从而消弱你的行动力。

再次，接受良性压力。

当我们看着自己那些目标的时候，一开始都会很兴奋。等兴奋的感觉过去了，很多人就会感受到压力，甚至是有些担心。这些都是很正常的现象，你不能退缩，更不能逃避。很多人觉得这些压力、担心是不对的，他们觉得成功者应该是勇敢的、乐观的，不应该有这些负面的感觉。

但事实恰恰相反——正因为你真的想要去完成它们，你才会本能地感觉到你需要去努力，需要去行动，于是才产生了压力。如果你感受到了这种压力，那其实是好事。如果你内心并不认为自己能达到那个目标，没有想过怎么去行动，那就不会有不安，只会有快感："啊，如果这能成真，那就太棒了！"

最后，定期反省。

很多人把目标设得很远、很大，却和自己的实际情况差了十万八千里，还不知道是在什么时候、在哪里出现的偏差。问题出在哪里呢？就是因为他们没有定期地反省。

我们很容易就会被周围的事物所影响，做出的判断多少会有些误差。一开始，这些误差都很小，但如果我们不去管它们，迟早会积累成不可挽回的失误。在这件事上，已故的苹果公司创始人史蒂夫·乔布斯给我们提供了一个好方法。他说："每天早上我都会问自己，如果这是我生命中的最后一天，那我还会不会去做这件事？如果一连有好几天都是'否'，那我就该换一件事去做了。"

【学习锦囊】量化你的目标

设定目标的方法有很多种，就最普遍的看法来说，目标一般符合四个原则：强烈的感觉，可量化的规模，确定的期限以及明确的计划。关于感觉的问题我们已经在上一章节中讨论过了，在这里我们着重讨论规模、期限和计划的问题。

首先，一个好的目标必须能够被量化，否则就无法制定相应的计划，也不会知道自己进行到哪一步了。但很多时候，人们设定的目标相当含糊，甚至有些概念不清。

比如很多人会告诉我，他们的目标是成功。那什么到底是成功？你吃什么、喝什么、做什么、玩什么，要用到多少时间、精力或是金钱？什么时候能达到这一切？

还有人和我说，他们的目标就是要变得有钱有闲，那到底是有多少钱，有多少闲？

我听到最有趣的目标是：我的人生要过得无怨无悔。我问他，如果你明天就挂了，现在可以满足你一个愿望，那完成什么愿望可以让你觉得无怨无悔？

如果把可量化的目标分类，就能帮助你更好地去设定目标。我们不能把人生目标变成工作计划，也不能只有享受的部分。人生应该是很完整的，人生目标也应该包含很多方面。我可以给大家一些参考，但不一定仅限于这个范围以内。

第一类：你想拥有的东西，比如：

◆开什么车子

◆住什么房子

◆存款有多少，或是现金流有多少

◆穿什么样的衣服或是用什么样的手机

第二类：你想拥有的人际关系，比如：

◆你有怎样的人脉

◆如何对待父母

◆为朋友做点什么（请写出具体的人）

◆要有怎样的两性关系

第三类：你想成为怎样的人，比如：

◆你的健康，包括打算活到什么时候或者戒烟

◆学习成长，包括学习些什么、向谁学习

◆你的道德品质以及原则，比如拥有怎样的品德、养成怎样的习惯

◆你的社会形象

第四类：你想去做的事，比如：

◆旅游——即使你还不喜欢旅游，我也建议你设定一个这样的目标

◆事业和成就

◆社会贡献

◆其他任何你已经想了很久却迟迟没有行动的事情

其次，我们得为自己的目标定一个期限。如果目标没有设定具体的达成时限，那我们很容易就会屈服于自己的惰性而一拖再拖。拖延的程度可能比我们想象中更大，我曾经见过有人把“读三本书”的计划拖延了七年之久！

但时限并非越短越好，一个合理的目标必须拥有合理的期限。我见过很多很有雄心壮志的人，他们的行动力也很强，但持续力不足。他们中的大多数人过于乐观地预期自己达成目标所需要耗费的时间、精力和物质资源，因此给自己设定了过短的时限，反而给自己带来更多的压力。

无论是在什么方面，当你设定了一个合适的目标之后，你的专注程度和工作效率都会大幅度地提高。相反地，如果你设定的目标过大或者时限过短，那反而会降低你的行动力和自信。准确地说，很多人不行动并不是光说不练，而是因为目标太大、时间太短才没法具体实施。

最后，我们必须为自己的目标做好相应的计划。

现在大多数自我激励的理论往往会刻意地忽略掉这个部分。在你看着未来目标的同时，还必须要为它做出一个可行的计划！有些人虽然很有野心，但他们却太过迷信想象的力量了，只会想象自己美好的未来，却不去为这些未来做出合理的计划，也不行动。如果你不去行动，光想象最终的目标也是没有意义的。

有一个实验经常被一些培训师提到，用来证明想象确实能产生实际的效果。参与实验的人都是很普通的身材，没有很明显的肌肉。这个实验为期一个月，在这一个月里不让他们做任何的锻炼，只是每天三次，每次半小时，让他们想象自己做仰卧起坐的样子以及自己拥有强健的腹肌。一个月以后，这些人的腹部肌肉都和真的锻炼过一样产生了腹肌。

但大多数人所不知道的是，这只是实验的一部分而已，而另外一部分的实验结果就没那么有名了。当时还有另外一组人也参与了同样的实验，唯一的不同之处就是让他们只想象自己有腹肌，但不去想象仰卧起坐的过程。结果实验结束的时候，这一组的腹部肌肉并没有明显的变化，和什么都不做的对照组几乎没有任何区别。你不能只去想象你要的结果，要连过程也一起想象才有意义。

要达到你的目标，必须要有科学的方法来支持你的行动，不是光凭良好的主观意愿或者喊喊口号就可以的。到了春天，你朝地里叫一声“啊，播种啦！”种子就播下去了吗？就算你播种下去，会不会第二天就可以收割了？

我相信积极的思考可以带给我们成功，但我并不想在这里过分地鼓吹积极思考的力量。积极的思考可以提高你达成目标的成功率，但这不代表你就一定会成功，也不意味着你不会遇到挑战。积极思考，合适的策略，具体的行动，经历挫折，从挫折中挺过来，不管对你来说什么是成功，这些都是成功的必要组成部分。

只是强调远处的目标而忽略具体计划所产生的副作用是它让你很难去全面地去看待事物，一开始就没能做好足够的心理准备。你最初做决定的时候就要有相应的觉悟。没有足够的准备，怎么可能达到你要的结果？你觉得百米赛跑的冠军是因为跑的那几秒钟状态特别好，还是因为他为了这几秒钟付出了大量的训练？

举个例子，很多人觉得演说家是一个很好的职业，他们会对我说：“我真的很羡慕你的职业，工作时间很自由，还经常能得到鲜花和掌声。”我只好问他们：“那你喜不喜欢每天都学习？你喜不喜欢日复一日地去修改你的演讲稿？在连续好几个月都没有人来请你去演讲的时候，你还能安之若泰吗？”

我很喜欢！当我学习的时候能很清楚地感觉到自己在成长，并且每天都有成长；我可以从修改演讲稿这件事上得到快感。我去做这些事情是因为我喜欢做这些事情，而不是我应该去做这些事情。我并不是为了鲜花和掌声而去忍受那些枯燥无味的准备工作，这些工作本身就让我感觉良好。但有的人只看到了光鲜亮丽的一面，他们被教导即使过程痛苦一点，只要结果好就行了。我不觉得有人能抱着这种心态撑很久，反正我是做不到。这也是为什么有很多人会不断地跳槽，因为他们只看到了下一份工作的优点，总是觉得下一份工作要比现在的工作更好。

◎目标设定的致命误区

即使我们找到了自己的目标，对于实现它们而言，还是有许多致命的误区。

我的朋友项龙斌是我所见过的最有语言天分的男性。作为上海外国语学院毕业的高材生，他在毕业的时候就掌握了三国语言：英语、法语和中文。在毕业之后，因为不想浪费时间，他决定用尽可能多的业余时间去学习其他的外语，两年不到的时间，他就取得了日语二级证书和德语四级证书。

当然，还有一个不那么重要的细节需要和你分享：龙斌在这以后一直没有机会应用他的日语和德语能力，因为他最讨厌的就是日本人和德国人。

有人把知识作为了自己的垫脚石，有人反而让知识成为了自己的绊脚石。我就认识一些人，把考证作为一种业余爱好。尽管他们花了大量的时间和精力去学习技能、获得证书，却完全没有考虑过这些技能和证书到底和自己的目标有什么关系。

在团队管理中，管理者往往会强调每位团队成员都要抱持着相同的目标。事实上，在相同的环境下做着相同的事，每个人心中的目标也不见得会相同。

在2006年，我参加了一场培训。那场培训的大部分内容都很无聊，但在培训期间，主办方做了件好事：他呼吁大家要多做运动，比如做100个俯卧撑或是仰卧起坐之类。当时我们有32位同学决定，循序渐进，直到每天做100个俯卧撑和100个仰卧起坐，并相互监督。结果一年之后，包括我在内只有3位同学还在继续这项活动。其中一位同学是为了保持良好的身材而每天坚持这项锻炼，另一位同学则是因为他的女友对此非常崇拜（他现在每天做200个俯卧撑），而我则纯粹只是想提升自己的自信和意志力而已。

尽管我们这么做的理由各不相同，但共通点也很明显：我们都有一个明确的目标支持着我们的行动。一个好的团队领导人，一定懂得把团队目标和团队成员的目标给结合起来。如果你在带领一个团队，那就要让这个团队有共同的目标。不是“舍小家，为大家”，让团队成员舍弃自己的目标去达成团队目标，而是当团队目标达成以后，团队成员的个人目标也能达成。你们共同的目标越多，那合作就会越紧密。严格地说起来，个人目标其实应该是团队目标的基础。在这一点上，不论是学习、工作、生活、家庭都是一样的。

还有一个关于达成目标的误解由来已久。我很早以前就听安东尼·罗宾说过，人有两大需求：追求快乐和逃避痛苦。你要去做一件事，不是为了追求快乐，就是为了逃避痛苦。但这只是驱动力的理论，并不是得到幸福的方法。我们发现不管是追求快乐还是逃避痛苦，都不能让你得到真正的成功和幸福。

我们先来看看逃避痛苦。我们说，逃避痛苦的力量更大，为什么呢？因为逃避痛苦可以让我们在有危险的时候能够迅速撤离，它会产生更强大的保护力量。有人会教你用负面的情感来激励自己，你还不够成功，或许就是因为痛苦还不够。我听说过一种很夸张的激励方法，说成功的秘诀就是每天、每时每刻都要逼自己去做自己不愿意做的事情，这样才能炼成强大的意志力，人才能成长。越痛苦，成长的速度就越快。可实际情况是，持续不断逼迫自己的人没有一个能撑到最后，反而是一些人在停止折磨自己以后才取得了更大的成就，你们可以找到很多这样的例子，逼迫本身是起不到任何激励作用的。

从能量的角度来看，也是这样。只靠负面的能量是绝对不可能达到正面结果的，不可能负面能量达到极致以后突然得到一个正面的结果。长期把"逃避痛苦"作为主要动力的人会变得很敏感，"草木皆兵"，一点点风吹草动都能让你神经高度紧张。他们会越来越需要安全感，越来越依赖外界的支持。如果有人这么教你，说越痛苦就能越成功，那不管他表面看起来有多成功，他的自尊水平都只能在一个很低的层面上维持，必须要通过外界的认同才能保持自信。

那追求快乐呢？对快乐的需求是我们的欲望系统产生的，它的作用也不是为了让你幸福。这个系统唯一的作用就是让你不满足，然后去获得更多的资源。因为在物资匮乏的原始社会，你的资源越多，生存概率就越大。虽然你赚了更多的钱，买了更好的车子、更好的房子，得到了一时的快感，却还是感受不到幸福，反而不断地去追求更多的资源，就像不停在笼子里跑的老鼠一样。这也是为什么一个和现实差距太大，连你自己都不敢相信的目标会让你更焦虑，因为你的欲望一直得不到满足。

长期来看，不管是追求快乐还是逃避痛苦都不可能让我们更加幸福，充其量只能产生驱动力，起到辅助作用。这一点让我困扰了很久，因为如果这两个机制都不能让我们变得更幸福、更快乐，就一定存在第三个机制来解决这个问题。而且我认为这个机制一定需要用到我们的智慧，因为就算是狗也懂得追求快乐和逃避痛苦，但是狗并不需要社会认同、审美品位或是自我实现，只有高等智慧的人类才会需要这种更高层次的幸福。我花了很长时间去研究这个机制，也请教了很多专家，包括我的幸福学导师，最后我得到的答案就是“积极型接纳”：对于你能够改变的东西，就积极地去改变它；对于你不能改变的东西，就去接纳它。这个机制的关键就在于你要有眼光去分清哪些可以改变、哪些不能改变以及值不值得去承受改变所需要付出的代价。《圣经》里也有一段：愿上帝赐予我平静去接受无法改变的事情，赐予我勇气去改变能改变的事情，并赐予我能够分清这两者的智慧。照中国自古的说法，就是“尽人事，听天命”。

【学习锦囊】随时调整目标

我要告诉你的是，根据你的感受变化，目标是可以更改的。

王毅嘉是我的一位朋友，我在从事保险工作时和他共事了三个月。在我刚见到他时，他有一个目标是要买一款劳力士的手表。短短三个月后，他就放弃了这个目标，因为在他和一些高端客户接触时，发现劳力士在自己心目中的分量慢慢变轻了。当劳力士已经不能成为他的动力时，他果断地放弃了。

但并不是所有人都能够像王毅嘉那么理性。由于各种理由，人们并不喜欢放弃自己已经设定好的目标，这似乎否定了先前的自己一样。有些人认为目标是绝对不能更改的，因为他们觉得改变自己的目标就是意志力薄弱，向现实妥协的表现，但我觉得这其实是没有自信的表现。如果你真的对一个目标没有感觉了，那我就建议你要尽快把这个目标给换掉。

另外，目标的数量不能太少，也不能太多。

我从事销售行业时，另一位同事张某的行动力非常强，了解之后才知道，他爱上了一位女孩——但是这位女孩却不爱他。于是他决定，要完成女孩的一个梦想：一辆红色的MINI Cooper，这样女孩就能爱上他了。暂且不论他当时的因果论是否合理，但这个目标确实给了他极大的动力。但故事并没有往大团圆的方向发展，因为这辆红色的MINI Cooper还没有凑到一半，女孩就嫁到国外去了。再怎么有感觉的目标，终究也只有一个。张某为此一蹶不振，再也没能找回原来的状态。

无论是怎样的目标，都有可能会因为遇到挑战而发展停滞。如果你只有一个目标，那极有可能会遇到和张某一样的窘境。因此我们需要复数的目标来支持自己，在某个目标遇到挑战的时候，其他目标还能够支持我们继续行动。

此外，较少的目标还会因为这些目标的达成对我们自身产生正面影响。和很多人想象中的不一样，达成目标本身并不能让人持续地保持巅峰状态。让人持续保持巅峰状态的是拥有目标以及为了这个目标努力的过程，我也强烈建议退休以后的人一定要设定一些新的目标。

美国著名小说家欧内斯特·米勒尔·海明威的人生经历就是一个很好的例子。他一生严于律己，勤奋写作，并一直希望得到诺贝尔文学奖。在1954年凭借《老人与海》获得了自己梦寐以求的诺贝尔文学奖后，他的创作力却陡然衰竭，不堪重负的他最终在1961年7月2日清晨结束了自己的生命。

但目标数量太多也行不通。

人的大脑一般只能同时处理七件事情，一多就混乱了。一般的建议是设定七个方向的长远目标，然后用其他的阶段性目标去支撑它们。虽然很多人设定了数百个人生目标，但如果你仔细分析就会发现，发挥主要影响的也就是几个长远的目标，其他的目标都是这些长远目标拆分出来的阶段性目标。年度目标也一样，一般来说设定七个就已经很足够了。很多人会在年初的时候设定一大堆目标，结果到了年底一个都没达成，这是因为设定太多，精力反而没法集中了。

最后，我们不能忽略“内隐目标”。

有些关于时间管理的理论会告诉你，当你设定好目标以后，就应该每天去做和目标有关的事情。如果有一天没有去做能帮助你达成你目标的事情，那你就需要检讨，因为你把这一天给“浪费”了。

当然这个理论总体没错，不过我想在这里讲得更详细一点。首先要说一下“内隐目标”的概念：有些目标对你来说很重要，但这些目标已经深植在你的价值观里了，而且你已经做到了，不一定会把它写出来，比如助人为乐，或者一定要孝顺父母，或者有健康的身体。你今天如果帮你的父母做了一些事情，或者你休息了一下，感觉也很好，那就不是“浪费了一天”，因为你是去完成你的内隐目标，所以，没有必要去自责。

◎让工作目标与生活目标相结合

说起目标，有一点就不得不提到，那就是工作目标和生活目标的结合。在过去很长一段时间里，工作目标在大多数时候都是和我们的生活目标相违背的。我们经常会听说一些工作与生活之间的故事，而且大多数都是反面教材，比如“一个工作狂生活得很寂寞”或是“为了家庭的幸福而放弃了报酬优渥的工作”之类的。简单来说就是鱼与熊掌不可兼得，你的工作一定会影响你享受生活。

在以前，这确实是不可避免的。造成这个现象的原因有很多：过去的资源还不够丰富，我们光是为了让自己吃饱穿暖就要耗费掉很多的时间和精力；过去大多数的工作都是机械式的体力劳动，在时间和精力方面的弹性也很小；以前的工作机会没有那么多，所以提供工作的企业占了绝对优势，工作价值观都会强调“个人利益服从于集体利益”，员工就是一颗螺丝钉，放在正确的位置就可以了，在工作的八小时以内不需要考虑什么个人幸福。

但现在的情况就完全不一样了。首先我们的生活资源相对充足一些，也增加了很多脑力工作，工作的机会也比过去多得多了，所以大家有条件开始追求个人的目标了。我们会发现有越来越多的人开始寻求工作和生活的平衡，甚至自我实现。可以说，生活目标已经不是工作中可以无视的部分了。现在如果你还想激励一个人或者一个团队，那给予物质奖励的做法就有点过时了，因为员工的目标已经变得多样，他们不只是想从工作中得到金钱。

有一个很明显的问题在于很多人其实没有搞清楚生活目标和工作目标的区别。有的团队，特别是销售团队，会让他们的团队成员写下自己的目标。但是如果你去仔细看这些目标的话，会发现里面的工作目标和生活目标的比例非常悬殊，几乎都是工作成就和经济收入。当然这也不是不可以理解，毕竟现在社会评价一个人的成就时主要会考虑他经济上的成就，但我们至少要有一个基本共识，生活目标和工作目标的价值是相同的。

在工作目标和生活目标的问题上，还有一个经常被提到的心态问题：让工作目标和生活目标相匹配的话，到底是哪个得了好处？是工作呢，还是生活？有许多学员问我，为什么要通过工作来让自己变得更幸福呢？工作过得去就行了，如果不努力工作，就可以有更多自由的时间，这样不是也可以吗？一样是得到生活中的快乐，为什么要让工作占据生活的大部分时间呢？

其实在我看来，这是个很傻的问题，因为这个问题本身就把工作和生活完全对立了起来。首先从广义上来说，工作本身就是生活的一部分，而且是很大的一部分。这份工作是你选的，就像你选择另一半一样，要跟你走上很长一段路。你把工作和生活给对立起来，就像是男人找了个很讨厌的老婆，每天下班的时候都很痛苦，心里想着，回家又要见到那个女人了，我太讨厌她了，真不想见到她，也不想让她占便宜——这不是很搞笑吗？你要是真的那么讨厌她，当初干吗还要选她呢？工作上也是一样的，你既能把工作做得好了，做得开心了，又能达成自己的生活目标，何乐而不为呢？况且其实我也不觉得有谁可以在工作不顺利的时候还能好好享受生活，毕竟大多数人的收入来源都是来自于工作的。

除了获得金钱满足物质需求以外，工作本身还能帮我们达成哪些生活目标呢？

首先，认真工作能够增强我们的自信和安全感，而这种心理层面上的支持可以让我们有更好的心态把生活目标融入到工作里去。如果你正在做一份适合你的工作，那这份工作就应该会给你提供比较稳定的经济收入，还能够让你在工作中得到很多正面的反馈，比如你经常发现自己在这份工作的某个方面做得比其他同事都要好，大家在这方面也都很相信你。如果我们确实在认真工作，那就一定还会遇到更多的挑战，而经过这些挑战以后，我们在精神上和能力上都会有所成长，会积累很丰富的经验。这些都有助于你增强总体的安全感和自信，这不仅会在你的工作中体现出来，也会在你平时的生活、为人处世的表现上体现出来。

其次，努力工作也能让我们获得社会认同。我们确实不需要太过在意别人的眼光，不要拿别人的规则给自己下套。但不可否认一点，不管你现在做的是什么工作，如果你能很出色地完成工作目标，那就会有很多人会更加尊重你、认同你。很多人会问，这又有什么用呢？最直接的一点是，你可以获得更多的社会资源，用在你工作以外的部分。

人们是愿意和强者交朋友的，我不管你觉得自己多有能力，品德有多高尚，但大多数人，特别是和你不太熟悉的人都只能从几个有限的渠道来认识你这个人，如果你连工作都做不好，就很难让别人认同你。反过来说，如果你把工作做得很好，得到了什么很难得的荣誉，或者晋升到一个比较高的职位，甚至再单纯一点，你的收入到达一个比较高的程度，都可以帮助你吸引更多的额外资源。这些资源如果继续用到你的工作里去，就形成一个良性循环，让你的工作越来越顺利；如果你把这些资源用到你的生活中去，就能够帮助你更快、更确实地达成生活中的目标。

我们已经知道了工作目标和生活目标相结合的好处了，但为了两者能够更好地结合，我们还需要准备很多东西。

首先，我们先得给自己创造一个合适的工作环境。这个环境必须要包含两个方面，一个是工作内容和你的基本价值观不会相违背；另一个是它给你带来的收入不会少到连基础生活都没有办法保障。

什么叫做和你的基本价值观不会相违背呢？当然，首先就是不能违反我们自己的道德观。这个很容易理解，如果你的工作内容是违反你的道德观的，那肯定不适合用来达成自己的生活目标。

这并不是说公司会交给你不道德的任务，很多时候这是你个人的问题。比如，如果你坚决不愿意说“大话”，甚至你还不能完全确认的事情也不能轻易地说出口，那可能就不适合做销售类工作，特别是那种需要产品部提供技术支持的销售。如果客户每次问你，某个功能你们公司能不能给我做到，你都回答“这个我吃不准，要先去咨询一下产品部的同事”，那这生意就没法做了。顾客不想听这些，他们希望你能给出肯定的回答，这样他们才会有安全感，而且大多数的问题一般都能想办法解决的。如果你觉得在90%没问题但还有10%不能肯定的情况下就给顾客承诺是一种不负责任的行为，那你可能换个环境会更好。

还有的人很顾家，因此绝对不能加班，要准时回家陪老婆孩子。当然这属于个人的价值观问题，也很正常，可是有的环境不允许。我有一次在上海一家设计公司就碰到这个情况，有一个美术总监，能力是一流，但就是不肯加班，就算公司遇到再紧急的事情也雷打不动。你很难说陪自己的老婆孩子不对，但是他一走，其他同事的负担就重了很多，结果时间一久，他和公司其他同事的关系搞得很紧张，这就不是很好了。

除了个人的道德观以外，还有一个就是要考虑公司的整体文化和自己的价值观是不是匹配了。当然，企业文化是个很大的话题，我也并非专精在这个领域的专家，所以只在这里提一下和生活目标最有关系的一点：你至少要知道你是在为谁创造价值。基本上，我们工作都是给社会创造价值，但对个人来说，社会价值其实可以细分成三部分：给我们自己创造价值，给公司创造价值，给顾客创造价值。不管什么公司都会给这三方创造价值，关键在于更侧重于哪一方面。每个人的需求都不一样，所以我们必须要搞清自己目前到底最想为谁创造价值。如果你现在的思想境界已经很高了，想真正地给你的客户创造价值，自己的工资少点也没关系，那你就需要找到符合这个价值观的公司。不是说想赚钱的公司就很自私，想为顾客创造价值的公司就很高尚，有的时候很多企业会受到市场环境的制约，先要保证生存，让公司发展起来，让员工活得好点，这都是很正常的。所以关键不是公司文化好不好，而是你的价值观是不是符合这个文化，或者说能不能够想办法和公司的文化保持契合。

另外，我们也必须确认做这份工作不会让我们的生活遇到很大的挑战。仓廪实而知礼节，衣食足而知荣辱，我们只有在基本生存不成问题的前提下才会考虑更多的其他目标。如果你还不能让自己得到基本的生活保障，那就还不是一个合适的时机去考虑让生活目标和工作目标相融合，而是应该全力工作来得到基本的生存条件。所幸的是在这个时代，让自己吃饱饭不是太难，不要告诉我梦想和现实不能兼得，真正有本事的人是可以让这两者调和的。

我们之前已经讲过如何设定属于自己的目标了，但既然要把工作目标和生活目标相结合，就必须多做一个步骤：用白纸黑字把两者之间的关系也写下来。比如达到多少业绩就可以得到多少奖金，而这些奖金可以帮助几个贫困山区的孩子，供他们读完小学；或者如果把这些任务都做好了，那升职就是时间的问题，而升职以后的工作内容更适合你，更能够发挥你的优势，让你更有成就感；再或者虽然你的钱已经够用了，升职对你的吸引力也没那么大，但你的另一半很在意这些，因此如果你能获得阶段性的进步，对方会感觉更有安全感，而你在家里的日子也会好多了。

说了那么多以后，我们再来看看我们在让工作目标和生活目标融合的过程中可能会步入哪些误区。

最大的误区就是希望自己的工作目标能够和生活目标完全匹配，除了一些非常特别的自由职业以外，大多数人的工作目标都不太可能是完全由自己决定的，所以很少会有能够完全匹配的情况。但是很多人在找到了自己的生活目标以后，会发现并不是所有的生活目标都可以通过达成工作目标的方式来完成的。所以有些人就会产生一种感觉：这个工作并不是“完全”适合我的，可能还有更适合我的工作。这直接导致很多人吃着碗里的，瞧着锅里的，反而起到了反效果。我要告诉你的是，如果你追求完全匹配的话，有可能你一辈子都会感觉生活目标和工作目标总是无法结合。

还有一个误区是，一般来说生活目标的数量总是要比工作目标多，而且方向也很杂乱，但很多人却想用“一步到位”的模式迅速完成所有的目标。比如，最好有那么一个工作目标，只要达成了，就可以解决我的经济问题，也可以让我能得到更多假期去旅游，可以让我认识很多很成功的人，最好顺便帮我把老婆也找好。

可能有人会在这里提出疑问：我想更快、更简单地达成目标有什么不好吗？想法没什么不好，但实际上并没有什么工作目标可以让你一步到位地完成所有的生活目标。那些所谓的“一步到位”的方法只是治标不治本，让你的目光变得越来越短浅。比如说，你觉得现在跳槽到别的公司或者换一个工作，就可以满足你现在需要的生活目标了。然后你也确实这么做了，一段时间内你的生活目标也被满足了，于是就增加了新的生活目标，结果这次又不能完全匹配了，所以你就又想通过换工作的方式来达成生活目标。但这件事本身就是一种恶性循环，你的生活目标永远不能完全得到满足。

第三个误区是极端追求“独特性”，结果避开了属于自己的生活目标。我遇到过好几个年轻的员工，认为即使工作目标相同，生活目标也不能和别人“撞车”。如果他们发现自己的目标和别人相同，就会放弃这个目标，认为自己的目标还不够“独特”。但其实大多数人的生活目标都是很相似的，我们会希望自己和父母都拥有健康的身体，希望拥有良好的人际关系，希望过着富裕的生活，希望获得自我实现的机会，全世界也不是只有你一个人想获得某项荣誉或是开一辆法拉利的。如果你只是因为自己的目标不够“独特”

就拒绝那些适合你的目标，那可真是亏大了。不要去管别人到底定下了什么目标，只要确定自己的生活目标，然后找到它们和工作目标之间的关系就行了。

第四个误区是自欺欺人，有些人明明知道达成工作目标对某个生活目标也没什么帮助，可是却硬是要拽出个理由来。这个情况比你想象中更常见。我曾经给一家香水公司的员工做培训，这家公司的产品相对竞争对手来说更高端一些。让我印象深刻的是，其中有三个员工非常希望自己的工作可以给社会带来一些实质性的价值，但暂时没有找到。于是她们编了一个理由，表示由于产品价格偏高，所以给国家的GDP作出了很大的贡献。这种联系实在是很扯，连她们自己都不能相信，怎么可能让工作目标和生活目标结合得起来呢？在我的引导下，她们随后就调整了工作目标和生活目标的联系，觉得自己公司的产品可以提高女性的生活品质和自信，也给了男性对他们的另一半表达爱意的机会——虽然这个联系不是最完美，但感觉也好多了。因此，如果你暂时找不到工作目标和生活目标之间是怎么转化的，那就不要为了找到联系而去找联系，也不要欺骗自己，那样是没有意义的。

第五个误区就是没能拿捏好工作目标和生活目标的平衡。因为我们的生活目标比较多，而且我们可能对他们更有感觉，所以往往会以生活目标为优先，忽视了工作目标。现在还有人提出了“慢生活”的概念，希望这样可以缓解生活给我们带来的压力。

作为一个概念来说，“慢生活”已经被过度美化了。许多最新的研究都表明，刻意的“慢生活”不仅不能缓解我们的压力，还会增强我们在现实生活中的负面情感。如果你不能一直让生活慢下去，那偶尔的慢生活只会让快节奏的工作和生活与慢生活的体验对立起来，让我们没法适应正常的社会生活，对快节奏的工作和生活越来越不满。另外，一味地追求慢生活也会让我们变得更加抑郁。大多数负面情感的产生并非是因为发生了许多坏事，而是没有发生足够多可以引发积极情感的事件。刻意地减慢自己生活的节奏，也就意味着失去了更多获得积极情感体验的机会，而这才是真正能够帮助我们缓解生活中的压力、走向幸福生活的源动力。我不是反对慢生活，但如果你还没有具备使“慢生活”常态化的基础，就不要过度追求慢生活，不要过度以追求生活目标为优先。我必须要再说一遍，工作本身就是生活的一部分，而且是很大的一部分，你一旦忽略了工作目标本身，那就很难得到满足。

◎通过学习达成目标

一提到目标，就不得不提到学习。事实上，两者是不可分割的：学习让目标变得更明确，并让我们得到达成目标所需要的能力。

从这个角度来看，用什么方法来学习就显得不那么重要了。关键在于我们能不能学到东西，而不是有没有按照别人的标准装出一副努力学习的样子。你可以有很多选择，比如看书、看视频、参加培训班、找一个专家来专门辅导你……总有一种适合你。你当然可以选择去看书，就像现在一样；但如果你更喜欢看视频，那就去看视频；如果你看书的时候喜欢走来走去，就别坐着看书；如果你想去学一个冷门的专业，就别去管别人的眼光怎么看。不要去相信别人说什么“这是最有效率的学习方法”，你会找到最适合自己的学习方法，而且我认为，你会本能地知道哪些方法管用，哪些方法不管用。

干吗强迫自己去学习不喜欢的东西？对我来说，学得不快乐就不能真正地学到东西。关于这一点，我必须要澄清两个谎言。第一个谎言是："你只要去学习某些特定的知识，就一定能变得更成功、更快乐"；而第二个则是由第一个谎言推导出来的："即使学习过程很痛苦，但如果你想更成功、更快乐，就必须要去学习某些知识"。现实情况是根本没有所谓"非学不可"的东西，也不是非得要痛苦万分才能学到东西。我知道现在有很多人会向你推销所谓的"伪强者理论"，给你设定一个强者的形象，一般这样的形象有很良好的销售能力、演讲能力、总体规划能力、营销能力或是投资能力。之后你会被告知，只有这种人才能成功，这些"伪强者"会但你不会的东西统统是你需要学习的内容。如果你相信他们，那当你学习了这些不适合你的知识以后却没有得到预想中的成功和快乐，你的自信反而会大大降低。

作为一名培训师，我有个致命的缺点：不喜欢在台上"促单"。有些同行对我说，这个心理障碍必须通过学习来突破。但我从来都不觉得这算是什么心理障碍——促单和销售不是一回事（如果你有机会来学习我的销售课就会知道这一点），我有精力煽动学员报名还不如煽动他们在课后多一点行动。我一直很疑惑，一个专门研究个人状态的培训师，为什么一定需要很擅长在台上促单？我一方面要增强学员们的意志力，另一方面却要使用各种技术来削弱他们的意志力，好让他们不那么容易看紧自己的钱包？这难道不是很矛盾吗？事实上，我最看不惯的就是在台上讲了两天课，有一半时间是在推销自己课程的培训师，这根本就是浪费学员的时间！有人说这是一个"成功”讲师的必备条件，否则很难生存，对此我实在是无法苟同——我都这样讲了七年了，不是一样过得很滋润吗？

在二十年前，即使是全国最顶尖的权威也不会有机会像我一样四处演讲，信息传播的手段也没有像现在这么丰富。而现在，你只需要花上几分钟时间在网上搜索一下就能得到你所需要的大部分资料。像TED和很多世界名校的公开课都已经在网上免费发布，你不需要付6000美元的TED大会入场费或是考到那些名校才有资格去学习。于是，这个时代最大的问题并不在于学不到知识，而是大家如何把学到的知识应用到自己的实际生活中。

孔子有句名言：“学而时习之，不亦说乎”。这里的“习”并不是指复习，而是习用，也就是让你去运用你学到的知识。不管是你学习一门技术还是精神层面的成长，都要尽快把它运用到实践中。听一百遍还不如自己实际操作几遍，这样才会成为自己的东西。你不用，那记忆很快就会消退，学再多都没有意义。我每一次学到了新的知识，都会和家人、朋友讨论，有的时候甚至是争论，这帮助我将其理解得更深入，也能记得更持久。当我学到的知识已经完全融入我的生活和行为中时，那就想忘也忘不掉了。我经常会举办两到三天的训练课程，总是发现那些收获最多、改变最大的人都不是等整个课程结束了才行动的人，而是学到的当天就开始行动的人。

当你能够通过行动清楚地感受到学习带给你的好处以后，就会有更大的动力去学习新的东西，最终形成一个良性循环。很多人参加了一个培训班，看了一本好书，学习了一项新的技能，只会在最初的一段时间里很积极地去实践学到的知识，然后积极性就慢慢降低了。比如我说写日记是很有好处的，于是有人就写了一周，第二周就变成周记了，第三周就变成随笔了，最后就再也不写了，这样其实是很可惜的。

有一个很有趣的现象，三四年以前参加我的培训课程的学员，现在还在继续学习的只有不到20%。大部分的人会在生命中的某一段时间因为参加了很棒的培训，变得很有行动力，可接下来行动力就开始慢慢降低，因为他们会以为“我都知道了”。

当然，有的时候可能你在听课的时候状态会比较好，回去以后状态就下降了，学的内容也会忘记一些。不用担心，这很正常。就算你的状态降低了，学到的东西有些遗忘了，还是会比你刚开始的时候要有提高，大家都是这么一步步成长起来的。

反过来说，如果你发现自己学到的东西很好，却很难应用到实际的生活中去，那恐怕你要理解这些东西还需要更多的知识或者经验来补充或加强。你们可以在很多地方看到我的介绍，包括视频、不同的机构对我的宣传、我写在书上的作者简介，上面有各种各样的头衔证明我学了哪些东西，获得了哪些证书，但你们不会以为我只是学了这点东西而已吧？还是觉得除了课上讲的东西以外我就讲不了别的东西了？其实，所有的知识都是相通的，有的时候，当你学习不同的知识到某一个阶段的时候，就会突然发现全通了。如果你发现用不上，不要急着去舍弃它们，而是要学习一些新的东西去补充它们。

现在的新知识已经变得越来越多了，我们必须要让自己的学习与时俱进。研究发现，人类的平均智力每经过一代人就会有明显的提高，这个差距很有可能是因为儿童比成人更容易适应社会的发展而造成的。

当年清王朝奉行闭关锁国政策就是以为自己没必要去学别国的东西，结果损失惨重。国家尚且如此，个人能逃得掉吗？最近中国传统文化开始被重新重视起来，全世界都在学习中国文化，有些人又开始得意起来了。甚至一些什么都没有经历过的年轻人因为一些煽动就开始仇视某些民族，处处去和别人较劲。

强大的人是没有恐惧和仇恨的，强大的民族也是没有恐惧和仇恨的。不仅对别人没有仇恨，对自己也没有仇恨。如果你感到自己产生了不好的感受，那你应该做的并不是去否定它，而是让自己变得更强大。

能够与时俱进的人在看到别人做了一些他不能理解的事情时，一定会去想各种方法了解为什么。等着被淘汰的人反应都一样，他们会拒绝思考。事实上，如果你不能理解一个人或者一件事，就恰恰说明你需要去理解这个人或这件事。

语言的发展就很能说明这些问题。由于网络的发展，现在每过几年都会产生一些新的“网络语言”，最著名的就是“火星文”。许多专家跳出来，认为这些事物的产生会“玷污语言的纯洁性”。可我认为，只要没有原则性的问题，也不是把老的东西给丢了，那多出一些新的流行语，多些个什么体，也不必大惊小怪的，哪个年代没有自己的流行语？

【学习锦囊】在学习中成长

心理学里是这么定义学习的：建立在练习和体验之上的持久行为改变。也就是说，学习包含了两个部分：练习和体验、持久的行为改变。你只是一味地看书、上课，自己不去练习，不去体验学到的东西，那你的这部分知识还是会慢慢消退；如果你学到的东西没有让你的思想、你的行为产生改变，那你学不学习其实也没多大区别。

大多数人可能以为我的工作内容就是每天到不同的地方去讲课，但实际情况并不是这样的。相对于站在台上讲课，我大部分的时间其实是用来学习、思考和为课程做准备的。如果我每天只是到处去讲课，一点也不成长，那我很快就会变成井底之蛙。

“学习”这个词是和“成长”分不开的，我们不能为学习而学习，而是应该为了成长而学习。我每天都看书，但一般来说不会特别多。就有人和我说：“你每天才看20页、30页书，看得太慢了。像我，一天就能看掉一本书。”我不是不能用这种速度去看书，但这个看书的速度并不能让我得到最佳的成长效果。有的人不明白这个道理，他们的学习带有一定的盲目性。

学习不是任务，你得选择最适合你的方式去学。比如说我，我就真的每天只看个二三十页，因为做学习笔记，考虑今天学到的东西能怎么应用到我的生活里，都需要时间。学习讲究的是持久，贵在坚持，就算你学的速度不快，每天都学一点，时间久了成效自然就会很明显。我从2004年起就每天坚持学习，从来也没有间断过。有的时候是看书，有的时候是看视频、听录音，有的时候是参加一些训练。每天也就看二三十页书，或者是一个小时的视频和音频。第五年的时候我再回过头看，成长的幅度之大，不要说我的朋友了，连我自己都很惊讶。因此，就算你从现在才开始努力，也可以期待一下五年以后的成果。

为什么我那么强调要持续学习呢？一来是因为有些东西是得靠时间来积累的，没有持续的学习，就不能深入理解。只有天天学习，才可以让你学到的东西渗入你的心灵，改变你的行为，而不只是作为某一项知识停留在你的认知层面上。另外，这是要避免一口气学习太多造成的知识浪费。“其进锐者，其退速”，学习频率太过频繁、强度过大，就没有时间把理论转化为实际能力。

还有一件事让我很疑惑：现在很多人讨论学习的时候，是用为学习花了多少钱来作为衡量标准的——花的钱越多，你就越光荣。他们的逻辑是，付出的代价越大，成长的决心就越大。这不是很可笑吗？我们的任务是学以致用，如果你是个聪明人，就应该和别人比成长的幅度，而不是比付出的代价！你花了更多的代价在学习上，得到的成长却和别人一样，那除了说明你的钱很多以外，就只能说明你方法学了很多却没有长进！

想必你也很清楚到底是谁在鼓吹这套说法了吧——没错，就是靠这个吃饭的人——你花得越多，他们就越高兴。为了学习而花了很多钱的人也一定感觉良好，毕竟“只有傻子才会没法从昂贵的学习中成长”，而他们不可能是傻子！我们经常能够听到这样的说法：“我以前也觉得没必要花那么多钱去听课，但在花了那么多钱以后……我突然发现这其实是很值得的！”我可以向你们保证，他们在说这句话的时候绝对是真心的，而且还会把这种转变称为“顿悟”。我太清楚那种感觉了，因为我也曾经是他们其中的一员。

我并不反对花钱去学习，从某种角度来说，你付出的越多，得到的也确实越多，因为人只有付出代价才能真正成长。如果你所学习的东西物有所值，那花上多少钱都是值得的。但这不应该作为你衡量学习是否有效的标准，也不是什么值得炫耀的事情，因为这会让你的潜意识阻碍你的成长，以便满足你内心的需求——付出更多金钱。

◎获得更好的学习效果

如何才能提升我们的学习效果，让我们更有效率地达成目标呢？

最重要的是，我们在学习的过程中必须要专注。

在这一点上，无论是工作还是学习都是一样的。有多少人在学习的时候，开着QQ或者MSN？或者习惯性地打开网页去看一下？或者一边工作一边和自己的朋友打电话、发短信？就算没电话来也时不时地看一下手机？如果你是这样的话，那由于你的注意力被分散了，产生的效果等同于智商降低10。这是一个什么概念呢？如果你连续36个小时不睡觉，智商也会降低10。想象一下你连续36个小时不睡觉然后开始学习的样子，能有好的效率吗？这也是为什么我们要做日程安排表、写备忘录的原因，一直花精力去想着这些事情，一样会分散你的注意力。

我并不知道你的情况，但我的手机每天都要收到十几条广告短信。如果我一边在学习，一边把手机放在旁边，那会发生什么呢？即使我没有接，看到上面有新消息，我还是会在意，智商就降低10了。

其次，你需要有人来指导你。

老话说：读万卷书不如行万里路，行万里路不如阅人无数，阅人无数不如仙人指路。我们不一定要找到仙人来指路，但找一个好的老师来教你，确实可以帮你省下很多时间和精力。反过来说，如果你碰到了一个很糟糕的老师，那恐怕要比你自己去摸索走弯路更惨，因为他很有可能会引导你走上一条不归路。你最好现在就好好确定一下，你是不是找到了一个好老师。

事实上，不管是经济、政治、军事、文化哪个领域，你们所看到的那些很有成就的人，每一个人的身后都是有专业人士一路指导到现在的，你在古代当个县官都得请个师爷。当你走到某个阶段的时候，必然会出现这样的人来帮助你，否则你就突破不了现在的状况了。如果你要做的事情很大，涉及的方面很多，比如说奥巴马，那就需要一个智囊团来帮他。

我知道有的理论说，不管你在什么领域，教你的人必须要自己也能做到才可以，但我对这个说法持保留态度。我认为这个理论越盛行，知识传递和发展的空间就越小，有很多真正的好东西就是这么失传的，真的很可惜。当然，有亲身经历的老师也不错，但我不认为这是一个必要条件，否则戒毒所里的工作人员都应该是吸过毒然后成功戒毒的人才行。再说了，做到的人就一定能把人教好吗？天才不知道凡人的痛苦，他的方法不一定适合你。

世界上最顶尖的教练都有一个特征：因材施教。就算你找不到最顶尖的教练，也要找一个频率合拍的，特别是一开始的时候，这个要比教练的能力或者名气重要得多。

迈克尔·乔丹的教练不见得就比乔丹更会打篮球，刘翔的教练也没有破过世界纪录，如果你觉得这些例子太远，我也可以拿我自己当例子。在我一对一的服务对象里，有想来戒烟的，有富二代，也有单亲妈妈，这样的人我服务过很多，都很成功。问题在于我从来没抽过烟，我这个岁数吧，要当富二代也有点难，估计这辈子也当不了单亲妈妈了。但我所学的知识、我过去的经验都给我提供了良好的保障，让我有这个资格和能力去帮助他们。这实际上也是我们学习的意义之一——因为我们学习了相关的理论和技能，所以才能在需要的时候用到它们。我不是叫你随便找一个人让他教就可以了，毕竟滥竽充数的人也很多，我只是不希望你的眼光太有局限性，否则你会错过很多成长的机会。

最后，你要了解学习内容的类别。

学习其实可以分为三种类型：理论型学习、体验型学习和娱乐型学习。理论型学习所学习到的一般是实用的理论知识，一般是用来解决实际问题的。体验型学习一般是从实际经验中获得，我们把得到的东西称作感悟。而娱乐型学习属于自己的兴趣爱好，学的东西并不一定能解决什么问题，比如学习一些简单的钢琴曲目，学习魔术或者学做蛋糕什么的，我们从中得到的更多的是一种快乐体验。一般来说，大多数人倾向于先把精力集中在理论型学习或者体验型学习上，因为这样可以解决实际问题。我们都被教导要先集中精力去学习那些能让我们“成功”的东西，等把实际问题解决了以后，才可以把目光放到娱乐型学习上面，犒劳一下自己。很多去练习瑜伽的女性并不是对瑜伽本身感兴趣，而是听说瑜伽能减肥才去的。

但事实上，我们应该把娱乐型学习作为整体的一部分穿插在理论型学习和体验型学习之间，甚至打破这三者的界限。比如你去学开车，可以是为了能开车，但也可以去享受这个过程，有一种愉快的体验。我们可以很容易地发现，当加入了一部分娱乐型学习之后，理论型学习和体验型学习的效率反而大大提高了，因为这样一来我们对“学习”本身的认识会发生改变，我们就能以更好的状态去接收新的知识了。

也有一些人和我说，他是想学东西，可问题是不知道该学什么。如果你是这种情况的话，那就更好办了，随便你学什么都行。找一个方向，深入地去学，如果你发现不适合，就换个方向，重要的是要先开始行动。

【学习锦囊】提高学习的效率

关于学习，还有一些小建议可以提高你的学习效率，和大家分享一下。

首先，不要一次买三本以上的书。因为心理学告诉我们，当你一次买了很多书的时候，反而不会去看，可能买了很多都在那积灰。

如果你已经买了很多，就做一个学习计划出来，用白纸黑字把学习的计划列出来，按顺序一本一本地看。你也不能三天打鱼，两天晒网，今天看一段，过了一个礼拜再继续看，这样根本没有用，你得持续不断地看书或者一些学习视频。一开始最好找一个朋友监督你，或者互相监督，防止你的惰性又出来妨碍你。

你可以参加一些读书会或者和朋友一起看某一本书，然后定期讨论，最近这种做法很流行。这样做的好处有很多，比如可以提高学习的乐趣，大家可以互相督促，能知道很多不同的见解，让自己的理解更全面等等，就算只有那种愉快的氛围也能让你的大脑更有活力。

我还建议你把学习的内容分类，然后集中学习。比如最近只看一个特定领域的书和光盘，或者把某一个作者的所有著作放在一起看。如果你能在一个方面集中学习的话，学习的效率就会有提高。当然了，有些书的作者写的书不多，你也可以把几个领域相近的作者写的书放在一起看。

关于学习，还有个重点，就是你在学习的过程中——不管你是听课、看书还是别的什么方式——都必须要能保持自己的观点。这点可能有些人理解不了，特别是经常参加学习的人，因为大家被教育成要无条件接受老师的教导。有的老师一上台就说，上我的课不要分析，不要思考，分析来分析去，最后只是一场空，简单听话照着做，你就能成功了。怎么可能！没有一种理论是能够完全和你匹配的。退一万步来说，就算理论是正确的，语言和文字其实也是最不靠谱的传播媒介，经常会产生歧义，同一个词，可能我讲的是这个意思，你理解成那个意思，也可能你把我说这句话的前提给忽略了。当你头脑混乱的时候才是你成长的开始，其他充其量只是我提醒了你而已。你只有感觉到不对了，和你的实际体验有矛盾了，试着把这个矛盾打开，你才能有真正的成长。

这里还涉及一个经常说到的问题，空杯心态。现在很多人提倡学习的时候要有空杯心态，问他们什么叫空杯，他们说，就是不要带有自己的想法去学习。其实，这个不叫空杯，这个叫做盲从。空杯心态不是叫你把自己的想法舍弃，而是能够腾出空间去接受新的东西，不要排斥那些你不知道的东西。放下的不是自己的想法，而是那些成见。没有成见了，你就是空杯。

这个空杯理论本来是说，茶杯满了，还能倒更多茶进去吗？结果给一些自作聪明的人做了一些改进，说是你杯子里本来是茶，再倒咖啡进去，能好喝吗？结果这个理论就完全变味了，因为你只能接受一种味道，不是茶就是咖啡。空杯理论真正的含义是，只要你的杯子够大，管你茶也好咖啡也罢，放果汁也没问题，随便你放什么东西进来，我都接受，到最后把好的融合在一起，坏的剔除出去，得到一个只属于你的独一无二的味道，而且你在这个过程中还知道了哪些适合你、哪些不适合你，这才是本事。这一切的前提是，你的杯子要足够大，有空余的地方让别的东西进来，所以才要空杯。

我不是说你一定要想办法挑刺，一定要反对，你可以在思考过以后再去同意或者反对。同意也是你的选择之一，但你不能一开始就傻乎乎地全盘接受。这也不一定就是台上的老师或者一本书的作者讲错了，有可能是他的表达方式或者提供的方法不适合你。

当然，这并不是绝对的。如果你去找了一个导师，或者看了一个伟人写的书，但你们之间的差距太大，他高出你一大截，你完全没办法来评判他是不是正确的，那就只好完全相信他了。不过就算是这样，你也可以用你自己的话去解释他的意思，运用在自己的生活中，而不是照搬他的话。而且等你成长了以后，也可以反过来再思考一遍的，只要你在成长，迟早会有能力去分析的。

◎一张一弛，文武之道

人是需要休息的，我不觉得有谁会不明白这么显而易见的道理。照理来说，我不需要说明太多，但问题在于现在的社会其实不是很注重这些。越来越多的人，不管是学习还是工作，都觉得日理万机、一刻不停地工作才是努力的表现，否则就是在浪费时间。他们最缺乏的就是静下心来的时间，一天24小时，没有1秒是能够真正静下来的。很多人看起来好像很忙，但只是不停地学习和工作是没有意义的，你还要留出一段安静的时间让自己反省、思考，这样才能通过学习让自己成长。

这在工作领域得到了很好的体现：如果设置工间休息的时间，员工的注意力就能更集中，工作效率会更高，思维会更活跃，状态也能够保持在比较好的区间里。这也是为什么我们每周会有双休日，隔一段时间还需休长假的缘故。

很重要的一点是，很多人认同需要休息这一点，但其实他们并不重视。他们更重视工作的部分，会把大量的精力集中在如何提高工作效率上。适当的休息？嗯，听起来不错，不过先等我把工作做完再说——如果你真的希望提高你或者团队的状态，那就不要只是口头上认同，要多花一些精力去关注休息的部分，好好考虑怎么样才能提高休息的质量。

另外很重要的一点是，现在有很多人并没有能得到真正的休息。现在有一些公司，比如Google已经做到了。他们会给员工20%的休息时间，来保证他们的创意灵感，但目前大多数的工作环境是没法做到这一点的。但就算没有特别设置中途休息的时间，到吃午饭的时候，我们总应该得到休息了吧。可是很多人在吃饭的时候并没有让自己休息下来，他们还在考虑刚才的工作，考虑下午的安排，和同事讨论的也是工作上的事情，发发邮件、打打电话，到了下午工作的时候就觉得很累。这哪是休息？根本就造成了累上加累！

【学习锦囊】休息好，才能学习好

让自己安静下来的方法还有很多，你可以找一些适合自己的方法。比如找一个朋友，找个安静点的地方，一起坐下来讨论一下之前发生过的事情。如果你在学习以后把自己的心得和别人分享的话，那还能让自己对这件事理解得更深刻。

或者你也可以写日记，这也是一个好办法。我建议每个人都要养成写日记的习惯，这不只是对自己的学习有好处，还对你的很多方面都能起到积极的作用，包括更了解自己，更有自信，优化你的性格等等。最新的实验证明，写日记对降低焦虑感有非常明显的效果。每天给自己留一段时间静下心来，回顾一下今天发生了什么，学到了点什么，然后把它用有逻辑性的文字记录下来。

关于日记，我还要多说一点。很多人觉得在日记里不应该写下消极的东西，我们应该在日记里歌颂光明和美好的事情，不应该把不好的事情记录下来，否则情绪会变得不好。听起来似乎很有道理，但实际上这是相当有害的做法，因为客观现实是不变的，你的挑战还是在那里。你确实应该把焦点集中在积极的方面，但这并不意味着你要完全屏蔽现实中的坏事。我希望大家能够理解，消极地抱怨和辩证地分析是完全不同的两件事情。事实上把那些糟糕的经历写到日记里去，客观地去分析它，能让我们的身心都更加健康。不一定只是在日记里写下快乐的事情，也可以分析一下当天让你不开心的事情。刚开始可能会有些躁动，但很快你就会发现，当你真的把思路理清楚的时候，精神上的负担就会小很多。顺带一提，我写了17年的日记，我的第一本书就是以这些东西作为基本素材写出来的，你们在书里看到的大部分内容都是我为了给自己一个解释才写下来的。

你甚至可以什么都不想，就只是给自己一段安静的时间，这也是非常有效的方法之一。在你真正静下心来的时候，大脑的突触会相互连结，让你学到的知识和其他事物联系起来，把这些知识强化并且稳固住。有很多词汇可以来表达这个意思，比如“温故知新”、“触类旁通”，或者叫“开智慧”、“开窍”。

你要找到一个适合自己的方法，找到适合的频率，定期给自己安排一段安静的时间，这样做是非常有好处的。

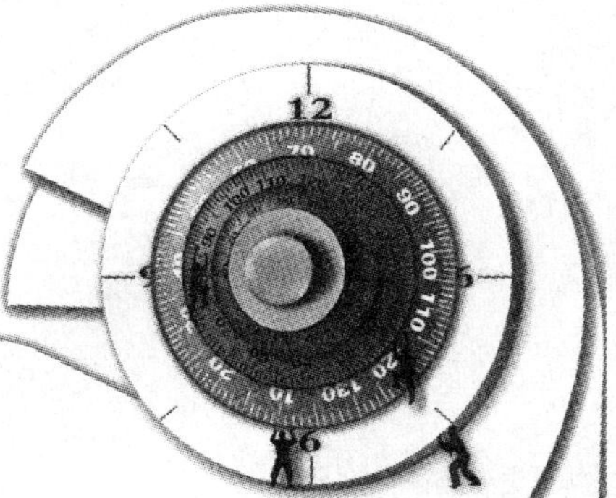

第5章

情绪状态管理：好情绪自己做主

◎什么是情绪管控

◎情绪管控的认识误区

◎身体状态对情绪的影响

◎控制自己的焦点

◎完美主义与横向比较

◎焦点对人际关系造成的影响

◎潜意识对情绪的影响

◎什么是情绪管控

情绪管控在整个个人状态管理体系中也属于特别重要的一个部分，因为它既是方法，也是检验标准之一。如果你的情绪处在一个没有办法控制的状态下——不管那是愤怒还是沮丧——那你有再多的本事也没有用，因为根本发挥不出来。

不懂得如何管理情绪的人，当压力达到一定程度的时候，身体上也会有相应的表现，因为身体的大部分能量都用来抵抗压力了。比较常见的表现形式有偏头痛、肠胃功能紊乱、肥胖或者失眠等等。

这么看来，情绪管控开始受大家欢迎并不是没有道理的。一般来说，如果现在我受邀去讲一场两小时的课程，选择“情绪管控和压力管理”这个主题的学员人数至少要比其他主题多出一倍。

但如果问这些来学习情绪管控的学员，什么是情绪管控？那他们的答案可就五花八门了。归纳以后，我发现大多数人对“情绪管控”这一概念的理解主要分为三类：管控压力、管控消极思维和管控冲动。但很少有人直接涉及积极的心理资本，比如更有自信，更坚强，更有意志力，有更好的人际关系等，而这才是从根本上管理情绪的关键。

【学习锦囊】情绪掌控一切

著名潜能开发教练安东尼·罗宾有一句很有名的话：情绪掌控一切，一个人情绪控制的速度就决定了他成功的速度，而情绪控制的唯一标准就是巅峰状态。那到底什么是巅峰状态呢?

从下图我们可以看到，我们的情绪状态并非是一成不变的。一般来说，我们的情绪范围都有一个上限和下限，而情绪就在这个范围内波动。但偶尔我们会让自己的情绪超出这个限度：有时我们自信满满，充满活力，做什么事都很顺；但有时却毫无干劲，不想行动，也不想见人，总之情绪很低落。前者我们就称为“巅峰状态”，而后者我们则称为“低谷状态”。

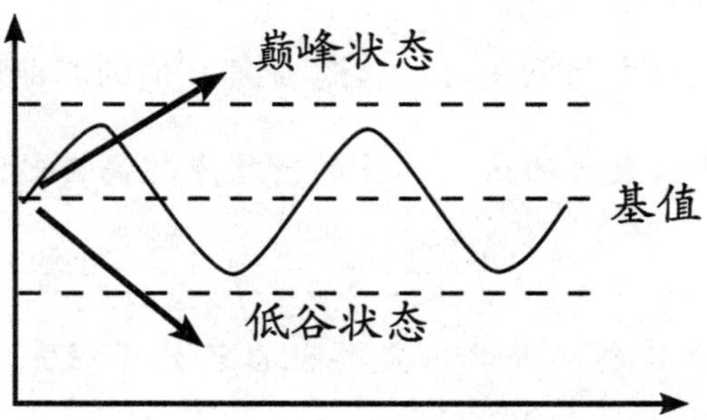

此外，情绪还有一个基值，它的作用是保持情绪的稳定性，自动地把你的情绪拉回这个基值。坏消息是，你就算因为某件事而感到非常快乐，过一阵还是会回复到基准的水平。好消息是，就算你因为某件事陷入低潮，过一阵也会回到基准的水平。“情绪管控”的主要目的其实是提高基值的高度，加快在情绪低落时回复的速度以及在一定程度上降低情绪波动的幅度。当基值提高后，我们的情绪状态就可以尽可能多地保持在巅峰状态上。

看到这里，很多人就会产生一个疑虑：如果一个人持续地保持巅峰状态，会不会太累，导致精疲力竭呢？

对于这种疑虑，我必须要声明一点：巅峰不等于发疯！

“巅峰”这个词最近有些被滥用了，很容易就会让人产生误解。事实上，狂热也属于低谷状态的一种，这种近乎发疯的状态只会让你的意识和心胸变得狭窄。纵观古今中外的历史，不管哪个时代都有全民发疯的极端案例，我们也很难认为那是一种巅峰状态。

顺带一提，这也是为什么我不建议在培训中穿插一些煽动性很强的环节。在极度亢奋的状态下，我们的前脑运作会被抑制，急促的呼吸也会减少大脑中的氧气含量，这时候我们的判断力其实和普通的灵长类动物没什么太大的区别。你的情绪点越高，越High，能记住的东西反而越少。

要达到巅峰状态，并非一定要让自己处于很亢奋的状态。通过对大脑的扫描我们发现，在身体很安静，心情很平静的时候，我们更容易进入巅峰状态。比如一项对常年坚持打坐的人的研究表明，尽管在打坐时身体极度安静，心情也很平静，但大脑的活动却异常活跃。大脑中的细胞神经元的突触相互联系，形成更紧密的联结——不管你把它叫做“顿悟”、“开智慧”还是什么，都一样。

打坐、冥想、有氧运动都可以帮助我们更好地控制我们自己的情绪，在接下来的章节中，我会更详细地说明这些内容。

◎情绪管控的认识误区

我有一位一对一服务的顾客，有一天晚上打电话给我，要我立即帮她解决焦虑的情绪。让她感到焦虑的原因是她的主管会在三天后来检查她的工作进度，但按照现在的情况来看，进度铁定无法完成。在消除了一部分焦虑后，她说道："幸好有你在，否则我可得被烦死了——压力真不是什么好东西。"

压力真的那么不好吗?

在情绪管控的领域之中，压力管理的课程非常流行。很多人都说要抗压、减压、克服压力，但我们必须要明白，其实压力本身就是我们生活的一部分，而且一定程度的压力也可以帮助我们集中注意力。长时间用对抗性手段去反对自然的天性，反而会产生很强大的反作用力——你越是去压制它，它的反抗就越强烈。

压力本身不是坏事，它并不会让你变得消极或者悲观。经历过压力以后，人反而会变得更坚强、更乐观，唯一的风险在于一次性承受了过大的压力。但现在的普遍情况是，大多数人只承受了最大压力值的10%就放弃了。这就像你最多能做10个俯卧撑，做10个能起到锻炼的效果，做11个效果会更好，但你只做了一下，就觉得，太辛苦了，然后就放弃了。很明显你没有能锻炼到自己的肌肉，等到你不得不用力的时候，你会发现自己没有足够的力量去解决它，然后肌肉就拉伤了。精神上也是一样的，生活中比较常见的例子是红得太快的明星或者中了彩票一夜暴富的人，他们都没有经历过足够的压力，结果当更大的压力突然出现的时候，他们就会承受不住。孔子有一句话，“岁寒，然后知松柏之后凋也”——你对待压力的态度，会影响你的状态和你的未来。

即使你现在知道了这个道理，也并不代表你就一定能够更好地处理和压力之间的关系了。有一些人找到我，希望我帮他们调整状态，我就告诉他们，经历压力是很必要的，也是很有好处的。他们虽然在认知层面上理解了这一点，但在一开始面对压力的时候，还是会选择逃避。他们会在承受10%压力的时候说：“我知道，我知道承受压力很重要，但我现在已经承受了很大的压力了，不想再承受更大的压力了。过一阵，等这阵子过去了就行”，然后就继续拖延。如果你是找我帮你调整，那我当然会用一些方法让你强制执行，但其实这些方法只是起到辅助作用，你完全可以自己行动起来。不用一下子就提高到100%，你可以先提高到20%看看。

【学习锦囊】把你的情绪关在笼子里

大家对情绪管控的认识误区可不仅仅只有压力而已。

作为一个研究情绪、教授情绪管控的培训师，我常被一些人要求不应该有任何情绪波动，否则就是“修炼得不到位”。我不希望你这样去理解情绪管控，认为情绪波动是不好的，然后去压制自己的情绪。这个世界上只有两种人不会有情绪波动，一种是某些精神病阴性症状的患者，还有一种是死人。如果你还活着，而且精神还算正常，那就得允许自己的情绪有波动、有反复，否则反而容易产生“破罐子破摔”现象。关键不在于不能有波动，而是能不能把这个波动的范围控制在一个合适的范围之内——不怕念起，就怕觉迟。

但是我也不建议你把情绪都发泄出来。这一点很重要，因为过去很多心理学派都认为情绪是需要发泄出来的，否则人会憋坏。但实验证明，让你的情绪随意地发泄出来，无论是对你的心理还是生理都没有任何好处。就算不是愤怒这一类比较激烈的情绪，你也不应该随便就发作。还记得那个基值吗？你不去管它，它就会自动地回复到那个状态。你一旦发作，情况就开始恶化，然后就变成恶性循环，然后你的基值就被硬生生地拉下去了。顺便说一句，不止是愤怒这种负面情绪，正面情绪过头了也一样，比如说快乐。如果你不加克制地放声大笑，也不是什么好事情。

情绪其实没有好坏之分，它只是根据你的选择来强化你自己的感觉而已。如果你放任某一种特定的情绪持续不断地产生，那你就会对这种感觉产生依赖性，然后习惯性地让这些情绪出现，不管是悲伤、沮丧、恐惧、自卑还是恋爱的时候那种非常好的感觉，都一样。如果一个人选择悲伤，让自己淹没在悲伤的情绪里，那他就会习惯性地用悲伤的眼光去看待事物，和这件事物的本身没有直接的联系，所以，你要习惯去打断自己那些悲观的思维。

顺带一提，即使你把负面的情绪——比如焦虑、沮丧或者抑郁等等给抹消掉了，也不一定能够得到快乐。得到快乐和消除痛苦不是一个意思，它们之间也不是一个简单的此消彼长的关系，很多负面的情感也对我们自身有一定的保护作用。

◎身体状态对情绪的影响

身体和情绪之间有着千丝万缕的关系。大脑科学研究的成果之一，就是让我们意识到了身体和心灵并非是完全分离的。我们现在已经可以在一定程度上通过观察一个人的肢体动作以及细微表情来判断他/她的心情或是想法，也可以通过调整我们的肢体动作或是大脑内某些激素的分泌来控制自己的情绪。

在过去，无论是心理学领域还是减压、抗压方面的研究，主流观点都集中在意识层面上。比如，我们要成功，首先要提升的就是头脑的部分，要尽一切努力来提升这部分的能力——我们开始想办法改变自己对这个世界的认知，转移我们的焦点，打断大脑中错误的联结。当然这些确实很重要，否则我的课程里就不会教这些东西了，但只有这些是不够的，我们实在太过于忽略头脑以下的部分对我们造成的影响了。氧气、水分、健康程度和肢体动作对我们的情绪影响都比你想象中要大得多，甚至还能够提升我们的智商。

《福布斯》在一项对世界最有影响力的人的调查中发现，那些强大的人几乎都热爱游泳、高尔夫或是骑马这类需要较大肢体动作的有氧运动，这并非是巧合。事实上，肢体动作对我们情绪的影响力比我们想象得更大，如果你不相信，就请把你的胸挺起来并面带微笑，然后感受一下情绪的变化。

在我10岁生日那天，我的父亲送给了我人生中第一台电子游戏机。这是一个很有意义的日子，之后我一直称它为“堕落的开始”，我并不是对电子游戏有任何偏见，事实上，我很喜欢电子游戏。但从那以后，我的生活状态发生了重大的变化。

在有游戏机之前，大家都是跑到外面，玩一些需要身体活动的游戏。有了游戏机以后，大家更多的娱乐就是坐在房间里一起玩游戏。现在的情况有恶化的倾向，科技越来越发达，我们根本不用坐在一起，只是一个人坐在电脑前面，接通网络，就能和朋友一起玩游戏了。如果你没有那么贪玩，是个乖孩子，情况也不见得会好到哪里去，因为你极有可能是在家里做练习题。现在至少有一半的学生——这个数量只会多不会少——不会在体育课上主动参与活动，他们会呆在一边看着，或者干脆溜到教室里去休息。放寒暑假的时候，只要不补课，大多数的小孩也只是在家里呆着。那成年人呢？也好不到哪里去。越来越多的成年人喜欢在休息日宅在家里，不想出门，打开电视或者打开电脑，把零食拿出来，就这样过了一天，这其实是需要大家引起注意的问题。

【学习锦囊】放松你的身体

除了保证睡眠、补充水分、氧气之外，我们还可以做些什么来让自己的身体帮助我们控制好自己的情绪呢？

首先，请习惯性地放松自己的肌肉。

如果你的肌肉是放松的，那血液的流动就能更通畅，能量也更容易流通，状态自然就会变得更好。我们发现，处于消极情绪的人，不管是悲伤、愤怒、焦虑还是别的什么，肌肉都会处于一个紧张的状态，一旦放松，感觉就会好很多。如果你现在还做不到习惯性地放松你的每一块肌肉，那至少要有意识地放松以下几个部位：眉心、下巴、肩膀、脖子、腹部、背部。但你不能耷拉下来，而是应该做到“松而不懈”，整个形体不能垮下来。事实上，古人早就已经留给我们一些具体方法：站如松、坐如钟、行如风、卧如弓，这些都是很好的提高身体能量的肢体动作。如果你觉得自己很难放松肌肉的话，可以考虑寻求专业按摩师的帮助。

所以心情不好的时候就挺胸，抬头看天，深呼吸，调整呼吸的频率和面部表情。事实上，即使你的心情没那么糟，我也建议你经常做做这个动作，有病治病，无病强身，又不花什么成本。

其次，长期、规律的锻炼会有助于培养我们的情绪管控能力。科学早已证明，如果你能够每周进行4天有氧运动，每次30分钟，那它所产生的效果就要比世上现存的任何一种兴奋剂的效果都要好——

稳定又持久，而且没有副作用。不用纠结在“是选择慢跑还是选择瑜伽”这类问题上，只要是有氧运动都可以，你可以选择自己最喜欢的运动。关键在于能够持续、规律地进行锻炼，你会欣喜地看到自己在情绪管控方面可以做到游刃有余。

◎控制自己的焦点

在所有情绪管控的方法之中，“焦点法”是心理学中历史最为悠久、覆盖面最广、适应性最多的一种方法。这个方法最重要的基础之一，就是美国心理学家埃利斯提出的“ABC理论”。

在ABC理论中，A（Antecedent）代表发生的事件，B（Belief）代表对事件的认知和看法，C（Consequence）代表被引发的情绪和行为。在事件本身不变的情况下，你的情绪取决于你对这件事的认知和看法。

请回答以下的问题：如果在结婚纪念日，丈夫却很晚没回家，那妻子最可能抱持的是什么态度？

如果你认为是愤怒，那你很可能觉得是这位丈夫忽略了自己的妻子；如果你认为是担心，那你或许认为丈夫出了什么事；如果你认为是期待，那一定觉得这位丈夫是一位十足的好男人，因为他为了给自己的妻子一个惊喜花了很多时间！

从这个例子可以看出，焦点法的本质并不是要去抵抗不好的情绪，也不是要把焦点“转移”走，而是把焦点“专注”在好的事情上。

因此我们就可以理解，为什么有人把工作当成有趣的事情，有人却把工作当成了不得不去做的任务；为什么有人把批评当成建议，有的人却把批评当成威胁；为什么有人有了很多钱感觉就很好，有人有了很多钱感觉却很糟——大家都知道，钱本身没有问题，关键在于你怎么看它。

一位学员曾经和我说过她的一段轶事。她在大学时曾经一个人去香港旅游，结果遭遇了无良导游。那时的无良导游会把游客困在一个购物点，两个小时以后才会把他们接出来。整个旅游团的成员都非常生气，唯独我的这位顾客非常开心——她并不知道这是个购物点，反而以为这是个景点。两个小时后，她高高兴兴地出来了——她和每个营业员都聊了一遍，并学到了很多珠宝的知识！

另一位学员的转变过程则更具代表性。她刚开始找到我的时候，最大的问题是她脸上的痘痘——她的性格好，人也聪明，但每次总因为自己脸上的痘痘失去和男生交往的机会。她试了各种办法来解决痘痘，但效果甚微。但我擅长的是心理学，不是皮肤科，因此没有能力将她的皮肤变得更光洁，只能从她的“焦点”来入手。

我只是将她的“焦点”放在了更合理的位置上，就让一切迎刃而解。我让她很快了解到，如果男生只是因为这些痘痘就不想和自己交往，那也不会是适合自己的好男人。痘痘的问题并没有完全解决，但她的情绪却转为了正面，能够分出更多精力去做更多有用的事了。顺带一提，她找到了一个很棒的男朋友，并已经在准备结婚事宜了，祝福她。

可见，改变我们的“焦点”不仅能帮助我们管理好自己的情绪，更能够通过管理情绪来改善我们的生活。你把“焦点”集中在什么上面，你就会得到什么。但遗憾的是，有时我们的“焦点”也会放在一些不那么好的事情上。

2008年，一辆白色限量版的布加迪威龙在上海跑了一圈。人们用自己的手机把这辆价值至少3000万人民币的豪车拍下来放到网上，很快就引起了轰动。半年以后，我查看了雅虎和开心网上的评论记录，并进行了统计。

评论第一名：召唤土方车。

评论第二名：绑匪们可以注意起来了。

评论第三名：5·12你捐了多少？

我很想和他们说，别管别人捐了多少，先说说你自己捐了多少如何？孔子说过：“人而不仁，疾之已甚，乱也。”就算别人真的没有仁义道德，你痛恨得太过了，也是要出乱子的。人要养浩然正气，存正念、走正道，老往坏的方面看问题，产生的都是邪念，迟早也得走歪门邪道。

还有些父母觉得，这个社会很复杂、很黑暗，需要提前“教育”自己的孩子，别让孩子吃亏，也不想想这个年纪是不是真的需要这些东西。电视上总会有一些处理家庭纠纷的调解类节目，很多父母自己喜欢看不算，还让自己的小孩一起来看，说可以“增加社会阅历”：哎呀，你好好看看，这个世界太复杂、太黑暗了，人心是很丑恶的，亲人为了利益都是会反目成仇的，现在的女孩都是很物质的，天上不会掉馅饼，没有人会不求回报地帮你的，现在骗子很多，凡事都要多一个心眼……我真的很想和这些父母说，如果你们在未来受到了什么不公的待遇，那很有可能是因为你们自己造成的——小孩子还没有足够的判断力，这种时候应该听的是童话和寓言故事，你那么早让他们把焦点放在阴暗面干嘛？我并不是让父母逃避现实，但总得给孩子一个正确的指导吧。

有一次当我表达了这个观点后，有一位母亲质问我：“你到底了不了解人性？”我说：“了解啊，我就是干这个的，至少比普通人要了解得多啊。”然后她说：“了解你还说人性是美好的，这不是睁眼说瞎话嘛！”我听到以后，真的不知道该用什么表情去面对她，也不能想象她的孩子会变成什么样。

事实上，这个世界上的好事要比坏事多多了，每天都会有很多好人好事发生，可是很多人还是会把焦点集中在坏的事情上。因为很多人离婚了，婚姻就是不可靠的吗？我被骗过一次，那我就再也不能相信别人了吗？人性什么时候变得这么脆弱了。现在的小孩都变得老于世故，老年人一个个都精明得不得了，你们觉得这是健康的吗？

我听过很多人说，想成功就必须得舍弃道德观，去做一些灰色地带的事情。你得去忽悠别人，你要捏造你的履历，最好还能做一些出格的事情来炒作自己——哦，他们称为包装。为什么？因为电视媒体、网络宣传上都是类似的讯息，那些正直的、诚实的、勤勤恳恳工作的成功者并没有被报道出来，大家的焦点只放在了那些不好的事情上面。如果你还对此半信半疑，那可以打开一下微博的页面，来看看今天都有哪些新闻，然后统计一下正面新闻和负面新闻的数量。稍微有点脑子的人都能明白，如果是很常见的事情，那媒体根本就不会去报道，因为它没有“新”闻价值！媒体只会去报道那些很少见的事情，否则怎么能吸引观众呢！可还是会有很多人觉得，媒体所报道的东西就是这个世界的普遍状况。

古人是很智慧的，老祖宗早就说过一句话：隐恶而扬善。不要去传播那些不好的东西，要多宣扬宣扬那些好的东西，即使那些好的东西你已经习以为常了。

【学习锦囊】谨慎地乐观

一般来说，我并不建议过分乐观地看待事物，特别是一些无法挽回的事情。过分乐观很可能会让你变得更沮丧，因为现实并没有改变，你迟早都会面对。一直逃避痛苦也没有用，因为这样你不但没办法成长起来，情况也会变得越来越糟，你需要对事情有一个客观的认识。你至少可以在几个方面对“焦点”进行调整，让自己变得更乐观：

首先，用乐观的眼光往未来看。

不管现在的情况有多糟糕，你都可以对未来有一个积极的预期，因为未来的可能性是无限的。如果你把“焦点”集中在过去的不幸上面，看不到好的一面，那你的心情就没办法平静下来，自然就看不到未来的希望。

其次，认识到所有的坏事都是暂时的，造成坏事的原因也是暂时的。

大家都知道，坏事确实是暂时的。可有的人会把不好的事情硬往自己身上套，认为自己这辈子就没遇到几件好事，或者自己老是把事情给搞砸。一旦把这个想法扩大，就会对未来发生的事情产生消极的预期，情绪就开始低落，然后进入一个恶性循环。

最后，不要把所有的问题都看成是自己的错。

我们从小就被教导，出了事情要先从自己身上找问题。但人非圣贤，孰能无过。很多人会把焦点集中在自己做错了什么事上，从不考虑是不是还有别的因素造成了这个问题。我不是说叫你推卸责任，但你真的没必要一个人把所有责任都给承担下来。

当然，即使你知道应该从这三方面来调整自己的“焦点”，也可能无法马上就改变自己的想法。在这种情况下，千万不要刻意地调整，如果连自己都觉得很假，那只能起到反效果。你可以等一段时间，然后再慢慢地调整。

◎完美主义与横向比较

在焦点问题上，我们很容易就会进入两个误区：过度的完美主义和横向比较。

在远古时期，完美主义和横向比较是我们的好朋友。完美主义帮助我们的祖先集中注意力并将眼前的事尽可能地做好，这有利于他们的进化和生存，毕竟没有人会想坐一个只由两根木头搭成的简易小船渡过湍急而又危险的河流。而横向比较则帮助我们的祖先在物资匮乏的时代获得更高的生存概率——既然没有具体的生存标准，那用身边的同类做标准看起来就是个不错的主意。只要你拥有的物质资源比他更多，那在他饿死之前你都算是安全的。

但现代人的大脑并没能做出足够的改变来应对现代生活，过度的完美主义和横向比较反而成为了我们的敌人。它们摧毁我们的自信，让我们更容易抑郁，降低了我们的生存概率——在近20年内，因为过度完美主义和横向比较造成的自杀人数在全世界范围内急剧升高。

在很多现代人的心目中，完美主义的形象还是很正面的，很多人还会很自豪地对我说，自己是个完美主义者。但实际上，完美主义所产生的行为模式并不是追求什么美好的事物，而是逃避自己的缺点。它的本质是恐惧，恐惧自己做得不够好。因此，完美主义者都比较容易陷入低潮——就算一件事已经做得很好了，他也会“感觉”不够好，并找出更多的缺点来。

一个典型的完美主义者之所以不会拥有很强的自信，是因为这个世界上没有一个人是完美的，他们并不能够完全认同自己。不只如此，有些完美主义者不仅要求自己做到完美，还会苛求身边的人也事事完美——越是亲近的人，要求就越高。过度追求完美主义的人往往还有一个很明显的特征：他们不能容忍自己失败。因此他们更容易会在失败后直接放弃努力，而不是再努力一次。

和完美主义比起来，横向比较的应用性更广，也产生了更多不同种类的消极情绪。

2011年，为了感受“科技的革命”，我也买了一台iphone手机。为此，我有一个朋友闷闷不乐，感觉“被比下去了”，好像输我一台iphone就能要了他的命一样。于是我告诉他，这台iphone是我借钱买的（他居然信了！），他的感觉就好多了。过了几天，这台iphone不幸丢了，他是第一个跑来关心我的人，叫我平时要当心一点。并且他在说这些的时候显得眉飞色舞。

我想大家应该也见过和我这位朋友一样的人：他们的心情完全取决于别人的情况，而不是自己本身的状态！

横向比较和目标导向不同，并不需要一个非常明确的目标，比如买一幢房子，帮助多少人之类的。横向比较的人只是想比别人更成功、更快乐而已——看到你过得不好，我也就安心了。横向比较之所以会破坏人的自信，是因为外部环境一直在变化，你总是能找到比你更好的人。这就可以理解为什么有些已经瘦到令人吃惊的甚至已经营养不良的女性仍然对节食减肥兴致盎然——因为媒体和广告的宣传让她们有了大把的横向比较对象。

为什么我们会习惯性地去做横向比较呢？除了我们的本能因素之外，现代社会也把这一点给强化了。从我们小时候开始，父母就会拿我们和别的小孩比较，老师也会拿我们和别的同学比较，大家都被灌输了一个观念：竞争是无处不在的，我们要在这么一个竞争激烈的社会中生存下去，就必须要提高自己的竞争力，我们要时刻进行横向比较，否则就无法测定自己的竞争力了。结果我们在学校比成绩，在公司比业绩，在酒桌上比酒量，比赚钱的多少，比开的车子、住的房子，比老公，比老婆，什么事都要和别人比。现在网络发达了，资讯更多了，可供比较的对象也就更多了。美国一家机构对Facebook的调查研究表明，自信程度不高的人群并不适合此类社交网站，因为大量的横向比较会让他们的自信程度变得更低。

【学习锦囊】别和别人比

避免过度的完美主义并不代表我们做任何事都可以放任自己、敷衍了事，我想你也不希望自己的车没有经过严格的质量检验，或是即将给自己动手术的医生只打算做个“差不多就行了”的手术。但如果你真的想将某些事情做到极致，就得先确保这些事情真的值得你花上那么多时间和精力，毕竟从95分到100分所需要的投入可能比之前所有投入的总和还要多。在《赢在打击》出版之前，我就知道这本书并不会完美。刚一送到我的手上，我就觉得这里可以解释得更详细一点，那里的例子可以举得更恰当一点。但如果每一个细节都要达到尽善尽美的话，那这件事就会变得没完没了了。我们并没有必要在每一方面都追求完美，有些事情只需要80分就足够搞定了，而那只需要我们投入一部分的时间、精力和资源。

我也不完全反对横向比较，为了避免“闭门造车”的窘境，我们确实需要做一些适当的横向比较。但过多的横向比较所产生的消极情绪会损害我们的自信和行动力，如果你一直处于横向比较的状态下，那就不可能得到满足，因为即使你成为了世界首富，也会在别的方面去和别人比较，然后在这些方面产生挫败感。此外，由于通过横向比较得到的价值感是由外部环境所决定的，这样的人往往会为了寻求其他人的肯定而放弃自主意识，去遵从别人定下的规则和别人的价值观，而不是去追求自己真正想要的东西，因为这样要冒风险——如果我的想法、我的目标和别人不一样，我走了一条别人没有走过的道路，那就很有可能会被视为异类，这样就不能得到别人的肯定了！如此一来，你心中真正的目标也会离你越来越远。

解决喜欢做横向比较的办法并非完全舍弃横向比较，那也是不健康的。我们需要的是建立起一个新的模式：纵向比较。在你进行横向比较的同时，也别忘了纵向比较，看看自己和之前相比有了什么进步，是不是离自己的目标更近了一点。即使你发现在某个方面暂时还没有取得很大的进步，但你努力了，问心无愧了，感觉也相当良好，那也没什么不好的。

有一句话叫做知足常乐，什么叫做知足？就是我们很满意现在的生活。当我们对生活的满意度比较高的时候，我们都会感到更快乐、更幸福，而这种感觉和你的物质条件其实是没有什么直接联系的。记住：永远不要为了超越别人而努力。

◎焦点对人际关系造成的影响

有关人际关系的具体内容，我们会在之后的章节里详细讲解，在这里我们先简单说一下你的焦点会对你的人际关系造成怎样的影响。

首先我希望你明白的是，人类并没有完全客观地看待事物的能力，我们只能接收自己想要的资讯，然后在大脑里创造我们所认同的现实。有很多实验可以说明这一点，最有名的实验就是在品尝葡萄酒的时候，如果你被告知这瓶酒很高级，那你就会觉得这酒更好喝。

可能你已经知道了，我是一个职业的催眠师。在进行催眠以前，催眠师一般会对被催眠者做一些易感性测试，比如拿两杯一模一样的水，告诉他其中一杯里混有酒精，请他/她分辨到底是哪一杯。有趣的是，至少有一半的人会告诉我，他们在其中一杯里闻到了酒精的味道——人的大脑就是这么不可靠。

很多人都对我说，希望自己能够更理性一点，因为他们都以为，感性的情绪和理性的逻辑是不同的两个部分。但我要告诉你的是，没有什么绝对的理性。理性和感性并不是完全对立的，不是说一个很理性的人就不能发展他的感受力了，一个感性到极致的人也不会丧失理智。在大脑里负责这两块的区域比你想象中要关系紧密得多，它们一定会互相影响，所以才会出现“情人眼里出西施”这种事情。

那人类的这种特性究竟是怎样影响我们的人际关系呢？我们可以来看看小明的故事。

有一天，小明最好的朋友小红来他家里玩。小红走后，小明发现自己家的斧子不见了。

真相只有一个——小红把斧子偷走了！

做贼必然心虚，之后小明仔细观察小红，发现小红见到自己时目光游离，躲躲闪闪，更加确定了他的想法。

一周以后，小明的母亲来看小明，并带来了一把斧子：“上周我急用斧子，就把它拿回去了，今天顺便还给你。”

当小明再观察小红时，发现小红一切正常了。

我们很容易就会在先入为主的框架中思考问题，连人际关系也不例外。如果你觉得自己喜欢某个人，你的大脑就会去寻找证据来证明这个人是很优秀的。如果出现了一些不利的讯息，一般来说大多数人就会自动地把这些讯息给过滤掉。反过来也一样——如果你一开始就觉得自己不喜欢某个人，大脑就会想方设法去证明这个人是不好的，为此你很可能会去寻找别人的认同，去搜集一些传言或者民间的说法。比如对方属于某个星座，就会说这个星座的人是不好的；或者对方长得和某个坏人很像，他/她也应该会很坏。在比较极端的情况下，有些人甚至会在这方面变得很敏感，不惜歪曲事实来证明自己的想法是正确的——即使对方之后表现得非常良好，已经显示出非常优秀的人格特质了，他们还是会熟视无睹，把焦点放在这个人的缺点上。

关于这一点，我曾经做过一个实验。这个实验的规模不大，只有200人左右。我给他们看了一张表，上面写着哪一天出生的人会有什么样的性格特征，有好有坏，比如一月一日出生的人优点是认真、负责，缺点是没有耐心，你在网上也能搜得到这些资料。然后我让他们把这些数据和自己经常见面的人对应起来，比如说另一半或者兄弟等等。但是我在这张表里做了一些手脚，把相对应的部分给修改了一下，无论优点还是缺点都是填写者本人对那个人的描述，我在几周前就搜集好了。照道理来说，他们应该觉得，实在是太准了！

但事情并没有这么发展。极少数的人——大概只有10个人不到——认为描述得相当准确，大多数人的回应是：缺点很准确，优点不那么准确。还有一小部分人相反，认为优点很准确，缺点不准确，很明显这一部分的人都相当乐观。

这个世界上有没有没有缺点的人？有没有从来没有做过坏事的人？有没有没有优点的人？有没有一件好事都没有做过的人？我想答案都是否定的。那我想请你扪心自问，自己是怎么看待别人的？公平吗？我似乎已经听到有人在心里开始辩解了：我的情况不一样，是很特别的。除非你找到一个完全没有优点的人，否则我就不能接受你这个说法。

【学习锦囊】多关注别人的优点

我需要在这里说明一下著名的皮格玛利翁效应。

皮格玛利翁的典故源于一段神话：皮格玛利翁是塞浦路斯的一位国王，非常擅长雕刻。他用全部的精力、全部的热情、全部的爱恋雕刻了一座美丽的象牙少女像，并像对待自己的妻子那样抚摸她，装扮她，为她起名加拉泰亚，并向神乞求让她成为自己的妻子。爱神阿芙洛狄忒被他打动，赐予雕像生命，并让他们结为夫妻。

比起这段美丽的故事，我更喜欢皮格玛利翁效应在心理学领域中的各项实验，其中最有代表性的是美国心理学家罗森塔尔和雅各布森进行的实验研究。

他们在奥克学校以“预测未来发展”的名义，随机抽取了20%的学生，并告诉老师们这些儿童特别有潜力，但禁止老师们告诉这些学生，也不用给这些学生特殊的待遇。8个月后，两位科学家回到了奥克学校，结果发现那随机抽取的学生变得更有适应力、更有魅力、求知欲更强、人际关系更好，甚至连智商也提高了！

因此，我们看待一个人的态度实际上会加强这个人在某方面的特征。你把焦点放在了哪方面，哪方面就会被加强了。

虽然在人际关系中我们不能改变别人的焦点，但还是可以控制自己的焦点。现在就让我们开始把焦点放在朋友们的优点上吧。请写下一个人，可以是你的另一半、领导人或是合作伙伴，并写下对方的五个优点。可以的话，请在今后持续地做这个练习。

◎潜意识对情绪的影响

与身体状态和焦点不同，我们的潜意识会在我们没有意识到的时候就影响我们的情绪，而且我们也很难抗拒潜意识的力量。

很多时候，我们会把某种情绪和特别的事物联系在一起，心理学把这个联结过程称为“潜意识联想”或者“内隐联想”（Implicit Association），也就是说，这个过程并不是在有意识的情况下完成的。

有人把“下雨”和“抑郁”联系在了一起，于是每次下雨，心情都会有些低落；有人把“早起”和“痛苦”联系在了一起，于是每次起床都很痛苦；有人把“成功”和“金钱”联系在了一起，于是一说到“成功”就先想到了“金钱”。即使他们在意识层面知道这是不准确的，但潜意识还是会让他们不自觉地这么联想，因为周围的环境天天都在这么宣传。

再来看一些有趣的案例。

有句话叫做“不孝有三，无后为大”，本来结婚生子都是天经地义、顺理成章的事情，但现在这个“顺理成章”也要打个问号了。有调查发现，这几年城市里的八零后过春节最怕听到的就是“谈朋友了没”、“啥时候结婚啊”，有些长辈还会死命地介绍相亲对象。我有个朋友在国外工作，回上海一趟，七大姑八大姨什么的都来了，一口气给她介绍了6个对象。结果回来一趟，连我们这些朋友都来不及见，光顾着相亲了。我知道长辈都很着急，但他们没有意识到，这样反而起到了反作用，让年轻人把结婚当成了一项被动的任务，他们把“结婚”和“压力”做了一个联结，结果反而感受不到快乐的感觉。

还有的人把“结婚”和“交易”联系到了一起。我有一个朋友，很优秀的一位女性，已经结婚了。虽然她老公的经济条件差了一些，但他们非常相爱，生活还是过得挺幸福的。问题在于社会舆论不这么认为，有很多人觉得，嫁了一个穷男人，你就是失败者，是受人鄙视的，以你这样的条件完全可以找一个更好的——什么时候结婚变得和做生意一样，讲起条件来了？两个人在一起生活的纽带不应该是感情吗？如果你刚才想的是“没办法，这就是现实啊”，那恭喜你，你已经有了一个非常坚固、非常危险的联结了。

【学习锦囊】“做”得好，不如“说”得好

影响潜意识的工具有很多，但在本书中我们只讨论语言的作用。语言的效果是非常强大的，日本甚至有“言灵”的说法，认为语言是有特殊力量的。我们可以从各方面来改善自己的语言能力。

比如自我介绍，你是怎么介绍自己的？即使你没有很多经验，也可以区分出“木子李，强劲的劲，波澜万丈的波”和“木子李，没劲的劲，奔波的波”两者孰优孰劣。

又比如，如果有人夸你的优点，千万别太谦虚，回答一声“谢谢”会更好。如果对方实在是夸得太过分了，就回答：“谢谢，你也是。”

改变常用词汇也很重要，比如用“兴奋”代替“紧张”来减轻自己的紧张感，或是用“相信可以”代替“希望”来增加潜意识的确信度，又或者用“停止”代替“不要”，因为大脑无法理解“不要”。

事实上，我们所说的话造就了自己现在的状态。谨慎地使用自己的语言，就可以让自己的情绪更加积极。

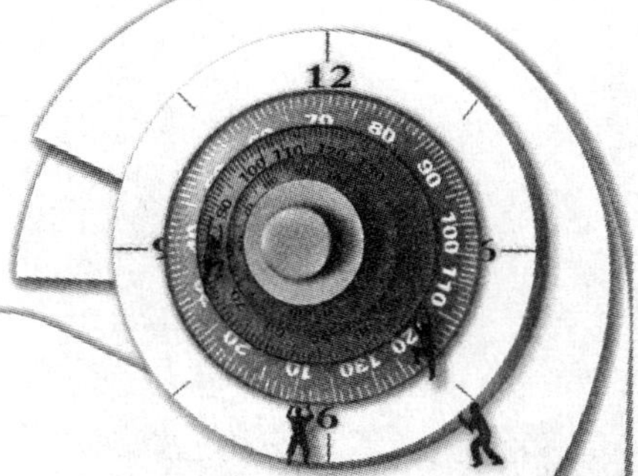

第6章

人际关系管理：拥有积极的人际关系

◎积极人际关系的前提

◎如何让自己在别人眼中更有价值

◎两性关系的影响

◎人类六大基本需求

◎积极人际关系的前提

在个人状态管理的体系中，人际关系是非常重要的一部分。大多数人都知道自己的状态会在一定程度上影响自己的人际关系，却往往没有意识到人际关系也能反过来影响到自己的状态。

在说到情绪时，普通人想到的一般都是所谓的“基本情绪”，比如愉快、悲伤、恐惧、愤怒、惊讶、厌恶等，却很少想到次级的社会情绪。社会情绪一样会引起我们的状态变化，而且和我们的社会关系有关。比如你在藐视一个人的时候，虽然感受到的是“厌恶感”，但你却不会去藐视一堆呕吐物，只是单纯地厌恶它罢了。和基本情绪相比，社会情绪更容易影响我们的状态，而且持续性更久。

一般来说，人际关系比较好的人更加快乐、更加积极，也更容易成功。很多研究也发现，拥有良好人际关系的人寿命更长，健康水平也更高。如果你觉得自己并没有一个良好的人际关系，那这很可能就是你状态低落的原因之一。特别是对现在的人来说，这个情况已经越来越严重了——总体来说，由于我们生活状态的变化和网络科技的发达，社会支持网络正在变得越来越薄弱，因此，如果你想拥有良好的人际关系就必须要付出比过去更大的努力。

除了一些基本的人际关系规则外，我们还需要考虑的是如何提高自己在别人眼中的价值。关键词是“在别人眼中”——也就是说，不管你真正的价值有多少，通过不同的表现形式，在别人眼中所产生的效果是不一样的。就算是普通职员，我们也会发现有些人的人际关系比普通人好，机会也会比较多，升职比较快。有人就说了，他们会拍马屁啊！那换你拍拍看？恐怕一不当心就拍到马腿上了。

高价值表现本身是一门技术，如果你能真正地掌握它，那你在任何的社交场合，所有的人际关系，包括工作关系、朋友关系、两性关系，都能够游刃有余地去处理它。

在通过各种方法提高自己在别人眼中的价值之前，我们先得提升自己的自信和自我形象。这是高价值表现的最基本的条件，如果连你自己都不相信你是一个有价值的人，那再怎么做都是没用的。

我有个习惯，如果零点还没睡，就会准时发短信给当天生日的人，祝他们生日快乐。普通情况下，大家一般回的都是“谢谢”或“你真有心”之类的，但有一位朋友完全不同。在我祝贺她生日快乐时，她给我的回复是：“恭喜前三！”意思是恭喜我祝她生日快乐挤进了前三名。明明就是我祝她生日快乐，反而是她来恭喜我，而且认为这是理所当然的，这种表现实在是很有自信。

而一个自认为价值很低的人就会产生低价值的表现，比如只想用最少换最多，不愿意先付出，不愿意帮助别人，不愿意请客等等。他们的理由往往只有一个：我没钱，我是低价值的。他们也不会想花钱去孝顺父母，理由也都很一致：等我有钱了就孝顺他们。

自信是装不出来的，它会自然而然地表现出来。如果你真的认为自己是有价值的，那就好好想想自己应该有什么样的状态，有什么样的穿着，交什么样的朋友，怎么做时间管理，用什么样的态度学习，怎么对待自己身边的人。你把这些事想清楚了，一半的问题就解决了。

【学习锦囊】节约时间和精力

你对两件东西的看法可以很快地改变你在自己心目中的价值，那就是你的时间和精力。这是最宝贵的两个资源，即使是你的另一半也不应该随意地去占用它们。如果你从现在开始合理分配自己的时间和精力，那就能够感觉到自己变得更有价值了。

有一个很典型的反面案例是，有人可以为了节省2元的公交费用走上5公里。不管有些什么理由，这都会降低你自己的价值，因为你觉得走5公里所用去的时间、精力只值2元钱！

另外一点是，如果你能把时间都给安排好了，那你就可以减少很多时间压力，这样就能更好地享受自己的生活，也可以更容易地处理你的人际关系。有很多事可以让你变得更有效率，比如工作、学习、自我激励、建立人脉、运动、休息、去帮助别人，甚至可以心无杂念地去享受一段悠闲的时光，就是不要浪费它们。

浪费时间和精力的另一个形式就是使用过度。

有些人逼迫自己连续不停地工作或者学习，这类人认为休息是不好的，是罪恶的。我想大家都应该知道了，人的专注力是有限的，一到两个小时之后，集中力和注意力都会大幅下降，因此，每工作一到两个小时，最好休息十分钟左右。

每天做日程安排也是非常必要的，你得知道你每天会去做什么。但有很多人告诉我们说，你每天至少要安排出10件或者20件重要的事情去做，这样时间才不会被浪费，我年轻的时候也是这么做的。但事实是，如果你的日程安排表上挤满了各式各样、大大小小的事情，那不管你的精神有多强，都会感觉被压得透不过气，没法聚焦，反而不能集中精力去完成所有的任务，变得更没效率。我建议，每天把几件重要的事情——大概四五件，绝对不要超过七件——给安排好，把精力集中在这四五件事情上，其他的小事想起来就做，这样才能更有效率地利用你的时间和精力。

另外，在制定日程安排的时候要宽松一点，留点余地，执行的时候行动力要强，不要拖时间。现在很多人往往倒过来做，时间定得很精确，连一点间隙都没有，到了该行动的时候反而很拖沓。你把时间定得那么紧，万一遇到点什么事没有完成怎么办？那就拖到明天去做。明天的安排也很紧，又来不及完成，怎么办？就再拖一天。明日复明日，就养成了一个很不好的习惯，自己的自信也就降低了。

另外，你也可以通过改善自我形象来增强自己的自信。为什么呢？因为你对自我形象的态度也决定了你对自己的看法。良好的形象代表了你对自己的尊重，让你的状态变得更好。

此外，我们也不能忽视第一印象的作用。大脑在第一次接触一个陌生事物或者陌生人的时候，都会创建一个基本的认识结构，以后只是在这个结构里进行信息的填充而已，要把这个结构本身改变是很难的。总是会有人一直抱怨别人以貌取人，看不起他，可你不注重自己的形象，根本就是希望别人看不起你嘛！

我们这里说的形象不仅仅是你穿什么，还包括了你的举止和谈吐。不过我们确实可以先从服饰上进行调整，毕竟佛靠金装，人靠衣装，况且这方面的调整最简单。孔子说“衣贵洁，不贵华”，你至少要让自己的衣服整洁、端正，该扣的扣子要扣好。有人总是穿得端端正正，就算你觉得每天都这么要求自己实在是太过分了，但你还是能感觉到他们的能量。

在这里我需要说一句，不同的人都有他自己合适的形象，不是什么人都需要西装革履的，西装只有在正式场合下才有意义，如果你在大街上或者一个相对随意的场合，穿西装反而会起到反效果。我们做过一些调查，比如派发传单的时候西装革履是成功率最低的，这时穿相对特别一些的制服或者是特别的装扮效果会更好。但不管怎么变，有一些建议还是通用的：女性最好能在平时化些淡妆，至少也画画眉毛涂涂口红。化妆能快速提升女性的自信，也能增强一个人的可信度。而男性除了身上的行头以外，最需要注意的就是自己的发型和体味了。

◎如何让自己在别人眼中更有价值

和高价值相对的词就是低价值。

你无时无刻都在对别人展现自己，你的一言一行、一举一动、一点一滴，都会被别人看在眼里。你不是在展现自己的高价值，就是在展现自己的低价值。

在说明展现自己高价值的方法之前，有几点必须要先交待一下。

首先，不管你用什么样的方法来展现自己的高价值，都要表现得没有目的性，没有攀比性，也没有威胁性。凡是展露出其中任何一种，高价值体现都是没有意义的。如果你是为了某种明显的目的或攀比而展现自己的高价值，那你的价值就无法被提升。威胁就更要避免了，其本身就是弱者为了掩盖心虚而做出的一种虚张声势的行为。因此，如果你展现高价值时表现出了威胁性，那不仅在人们眼中的价值会变得更低，还会引起反抗情绪。

很多人喜欢自己说自己的价值有多高，其实这是最没有用的做法。如果由你的嘴里说出你有多成功、多幽默或者别的什么，那就是自吹自擂了。我们要尽可能地用暗示和非语言手段来展现自己的高价值。

比如说，不管谈话的对象对你来说有多重要，都不要主动去搭话、挑起话题，这不应该是你的工作。你太过热情，可能别人会觉得你这个人不错，挺有趣的，但有趣和高价值并不是一回事。

又比如，你要讲一个笑话，特别是讲和自己有关的笑话，就一定要注意你说的话一定要能展现你的高价值，但很多人只是为了引别人发笑而讲笑话，甚至会在讲笑话的过程中贬低自己。猜猜会发生什么？哦，故事很有趣，仅此而已。

你还要让自己变得乐观而且积极，包括减少你的抱怨，并且为你的目标积极行动等等，人们会被你的这份热情所感染的。因此在和大多数人交流的时候，应该学会“报喜不报忧”，让自己在别人心里和好消息联系到一起。但现在有很多人反其道而行之，喜欢把自己的坏事、坏心情都放到网上去，恨不得让每一个人都注意到，你这样子怎么可能有高价值？我不是说要刻意地隐瞒自己的缺点，把自己伪装成另外一个人，但我们真的没有必要在一开始就把自己的低价值给全部暴露出来，没有人会喜欢的。

还有的人会有意无意地去说自己的朋友有多糟糕，当然这有很多原因，其中一个就是为了显示自己是比较强的那一个。千万别那么做，太失礼了。

你降低朋友的价值，也就是降低你的价值。你要让自己看起来有价值，就要让你的朋友看起来有价值。你要让别人知道你的朋友有多厉害，你是和有价值的人“混”在一起的。

一开始的时候就要介绍自己的朋友给对方认识。不是狐朋狗友，而是高价值的朋友，让他看到你和一群高价值的人打成一片，这样才能体现你也是高价值的。如果下次你有机会把这个朋友介绍给他们认识，然后由他来说你多有价值，你觉得之后会发生什么？——嘭！你在别人眼中的价值就爆棚了。

当然这件事情不能做得太过，不要太逞强，如果你介绍了一群价值很高的人给别人认识，自己却不能和这群人打成一片，那你的价值反而会降低。你对所有人说你和某个很有能力的人很熟，如果哪天有人需要这个人的帮助时就会来找你引荐，到时候苦的就是你自己。

工作也一样，你老是说自己的公司有多糟糕，老板有多糟糕，同事有多糟糕，那你在别人心目中的形象也会跟着越来越糟糕。你和老板的关系再差，在外面都要表现得高度一致，不管怎样你都全力支持他，这样你在别人眼中的价值才有可能会提高——在这一点上，夫妻关系也是一样的，对外保持一致，有什么事关上门再说！

你甚至可以赞美自己的竞争对手。有一个比较常见的做法是，夸大自己竞争对手的实力。不是贬低对手，而是把他的实力夸得天花乱坠，这样你的价值也提高了。现在有很多人借名人炒作，也是这么个道理。

当然，在具体的做法上，我们还是要掌握一个度，不能太脱离实际。如果你赞美得太过分了，那大家就会觉得你很虚伪。我认识有些人老是喜欢把事情说得很大，认识个银行职员就敢说自己认识银行行长，花了三秒钟和名人合过一张影就敢说和他是朋友，还和我说："李老师啊，你不知道，不把话说大点别人不会相信的。"我告诉你，别人不相信你不是因为你没有夸大事实，而是因为你不让人相信！你就这样的表现别人怎么会相信你?

此外，你还要注意肢体动作所传达出来的信息。事实上，肢体动作和语音语调比说话的内容更能表达出你的态度，人类的大脑构造也决定了我们更容易接受非语言手段所传达出来的信息。

你要做的第一个肢体动作就是保持微笑。

到现在为止都没有一个心理学家能解释笑到底是怎么回事，但它确实有效。在一个没有阶级区分的团体里，占主导地位的人一定是会笑的那些人。大家都应该能明白，笑容是可以传达出很多信息的，比如你很自信，你没有威胁性，你很有趣，你是一个容易相处的人，等等。

很多人对笑有一个很大的误解，因此我必须要在这里解释一下。你是否听说过，笑的时候需要"露出自己的八颗牙齿"？这可真是天大的误传，事实上，“露出八颗牙齿的笑容”不仅不会让人产生更多的亲和力，由某些人做出来更是狰狞无比。那为什么这个谬误会传得如此之广呢？

最先提出，也是唯一提出“露出八颗牙齿的笑容”这种说法的是沃尔玛公司的创始人山姆·沃尔顿，他提出员工必须要在面对顾客微笑时露出自己的八颗牙齿。提出这个要求的缘由已经不得而知，或许和山姆·沃尔顿本人的审美有关，这个典故被当成金科玉律带到了中国，广为流传——顺带一提，尽管“露出八颗牙齿”的说法起源于美国，但它并没有在美国本土流行开来。

除了保持微笑，你还要让自己看起来精力充沛，充满能量。当然，每个人都有自己不同的风格，但不管你是什么风格，无精打采的肢体动作都是不会产生任何价值的。为了达到这个目的，你可以多锻炼，过更健康的生活。你也可以把你的胸挺起来，让你的形象变得更高大。

【学习锦囊】提升自己的身价

那哪些行为可以帮助我们提升自己在别人眼中的价值呢？

首先，我们得坚持自己的原则。

很多人并没有了解这一点，他们认为如果你的态度很坚决，就不能和别人建立起良好的关系。事实上正好相反，你不可能通过对别人单方面的付出而建立起良好的关系，从心理学上来说也不合理——如果你的小孩要什么你就给什么，你觉得你们之间的关系是会越来越好还是越来越差？另一半呢？如果有一个人和你约见面不是迟到就是放你鸽子，你却和他说“没关系”、“不要紧”，那会变得怎么样？

不要排斥“对抗”，对抗本身并没什么不好。有些事情没法回避，只能去对抗。随意地去改变自己的原则只会让你的价值更低，包括别人眼里的，也包括自己心里的。如果你的主管和你说，你做到一定的销售额就奖励你，结果你做到以后却没有得到说好的奖励——如果你不去争取，那会有什么结果？

你可能会去捉弄一个好人，但绝不会随便去惹一个脾气不好的人。如果这个好人正巧手上提了把刀，我相信你也会收敛一点的。我们经常可以看到一个“好人”为了他所喜欢的女生付出一切，包容她、容忍她，但是那个女生却跟了一个对她不好的男人，因为那个男人没什么耐心——如果我付出了，你也接受了，却没有任何回报，那我会让你付出代价的！结果那样的人在她的眼里价值反而更高，而且最搞笑的是，每一个女人都会说同样的话：“那人是对我很好，我的男朋友连他对我好的一半也没有，但是，我能感受得到，我的男朋友更爱我……”我相信她们说的是真话，而违反我们直觉的是，这一切都是那位抛弃了的“好好先生”自找的。

在对抗的问题上，只有一个特例，就是拥有绝对优势的关体系，比如说你和你的老板，或者销售人员对客户，有一方是占有明显优势的。在这种情况下，就不能随随便便地对抗回去，而是要给自己设定一个底线，用这个底线来约束自己。只有这个底线被侵犯的时候，你才可以去对抗。这也是为什么一个领导者不能让自己的某一个团队成员占据绝大多数资源的原因，因为这会破坏力量的平衡。

其次，我们应该为大多数付出要求相应的回报。

我知道，有些人不一定马上就能接受这个观点，因为社会舆论的主流说法是，付出就应该不求回报。康德一定很喜欢这个说法，因为他认为如果你的付出的动机是为了回报，那不管你最后帮了多少人，都不能说是有道德的。特别是中国，特别喜欢强调“极善”，比如崇尚自我牺牲，个人利益要服从于集体利益等等。

我们的文化到底有多排斥为了我们的付出索取回报呢？几年前有一名中国大学生在德国骑行时捡到了一个钱包，内有大量现金，于是他决定拾金不昧，把钱包交给了有关机构。有趣的是，根据德国的习俗，找到钱包的人有权接受10%的奖励。但这位大学生义正词严地拒绝了奖励，并认为这是看不起中国人的品德！

我并不反对去做好事，但如果连别人给你的回报都拒绝，那你的付出就会变得很没价值。有一些人会和我说，他们身边有那么一种人：你帮他99次他都不会谢一声，一次不帮他就记一辈子。我要说的是，如果你周围有很多这样的人，我觉得你也应该好好反省一下，他到底为什么会对你这样呢？

你看，如果一个男性这么做，就往往无法受到女性的倾心。比如一位男性为了追求一位美女而讲了一个笑话，美女说："好有趣哦，再讲一个吧。"如果他在这个时候无条件地又讲了10个笑话，就会给她留下好印象吗？他的价值只会越变越低而已。正确的做法应该是说："说句好听的，我就再讲一个更有趣的。"

当然，这只是个例子。这个理论不只对追美女有效，对任何事都是有效的。比如在工作上，有一个同事找你帮忙，你帮了以后，可以说一句："到时候请我吃饭哦！"他不一定真的会请你这一顿，但你的付出就变得有价值了。

从这个角度来说，如果我的培训费用收得更高些，效果就会更好。当然，学员的学习效果是不会改变的，但我的价值会变得更高。

但这个"付出和回报"理论还是有例外的。首先，如果是你主动提供帮助的话，那就不能马上要求回报，否则目的性就会太明显。另外，如果对方要你帮一个很大的忙——双方都认为这是一个很大的忙——那也不用立即要求回报，至少不用立即要求一个相应大小的回报。

说了这么多理论之后，最后的关键点要从非理性的角度来说——你要很敏感地去把握你和他人之间的感觉，把它控制在一个合适的范围里面。这个没有什么标准，只能由你自己去把握。这是最难理解的部分，也是最重要的部分。事实上，有关研究也证明，比起纯粹依赖理论去处理人际关系的人，那些靠感觉处理问题的人更容易得到良好的人际关系，特别是女性。

我知道在我说了这么一大堆理论以后，突然说“最重要的其实是靠感觉”会让你觉得有点奇怪，我不知道是不是所有人都能理解这句话，反正这就是事实。回想一下自己有没有这种经验：别人一个眼神或者一个动作，你就知道他想说什么？这就是感觉的能力，而且不得不承认，有些人就是在这方面特别有天分。没有天分的人，就要在不断和别人接触的过程中有意识地去锻炼这种能力。

有一些学员向我反映，他们觉得在用这些技巧的时候会遇到一些心理障碍。他们觉得这些技巧实在是太过理性了，感觉就像是在给别人下套，他们不希望人际关系是这样的。对于我来说，其实也不希望你们这样去解读这些技巧。处理人际关系并不是只有一种死板的模式，我只是把这些技巧、这些理论告诉你，你们以后可能还会从别的地方学到其他的技巧和理论。如果其中有些方法让你感到不舒服，就不要去用。那怎么来把握哪些可以用、哪些不可以用呢？子曰：“汝安，则行之。”如果你觉得心安理得，就去用这些方法；如果某些方法让你感觉不舒服，就忘了它吧。

最后我必须要提醒你，当你掌握了这些技巧以后，千万不要误入歧途，陷到技巧里面去。这些技术并不能为你创造价值，它们只能让你的价值在别人眼中产生最大的效果。经营人际关系也不能太讲求效率，太注重方法了。

比如，如果你面对的是一个陌生人，那要让对方对你有一个信任的基础，至少需要25分钟。我经常会在一对一的辅导里面教你怎么在这25分钟以内表现得更好一点，但更关键的问题是，你不能25分钟以后就什么也不管了，之后还得花时间去维持你的价值。你花的时间越长，你的那些高价值产生的效果就更稳定。如果你之后的表现和你最初体现出来的价值不相符，那反而会起到反效果。

我曾经把高价值表现作为一门单独的课程去讲，把技巧教得很详细。问题是我后来发现有些学员过于专注在技巧层面上，反而把真诚或是诚实都抛到一边，用我教的技巧去处理所有的人际关系，这可真是本末倒置了。有个女学员挺搞笑，我说了一整天，她就总结了3点，她对我说："我懂了，就是要搭架子、装神秘，不要让人占便宜。"我对她说你这话说得倒是挺押韵的，但如果你真是这么理解的话那一定下场很惨。

我不会在课程里去教做人的基本道理，比如不要为提高自己的价值而说谎之类。不说不是因为不重要，而是因为没必要，这些是人际交往中根本中的根本。大家应该都很聪明，没有必要让我再去浪费时间把这个内容重新说一遍。路遥知马力，日久见人心，技巧只是辅助作用，你光用技巧是长久不了的。除了技巧以外，你还得具备很多东西，比如你可以努力提高自己真正的价值，或者从头学起，把做人的道理给搞明白了，这些东西都要比技巧重要得多。我送大家一句话：花开蝴蝶自然来。

◎两性关系的影响

两性关系在人际关系中处于一个非常重要的位置，在很多成年人中，它的重要程度甚至超过了亲子关系。作为一个专精于个人状态方面的培训师，我在一对一辅导中被委托解决最多的反而是感情问题。

在心理学中，两性关系也算是争论最多的内容之一，因为它还包含了社会学、经济学、进化学、生物学等学科的理论，而且有些问题到现在还有很多争议。毕竟从不同的角度来看，“爱”的涵义都是不一样的。

在讲述两性关系之前，我必须要告诉大家：电视剧和电影已经彻底毁了大家的爱情观。它们会告诉你，一对恩爱的恋人在很短的时间里就能产生很深厚的感情；他们应该时时刻刻都想着对方，恨不得永远黏在一起；你的另一半应该和你心有灵犀，即使不说话，就靠一个眼神也应该可以知道你在想什么；最夸张的是，你们之间必须要无条件地爱对方……我从来不认为在两性关系中会有无缘无故的爱和恨，就算真有人做到了，我也不会认为这是健康的。

另外，电视里还会告诉我们，一段婚姻里的大多数时间都是幸福的，是充满爱与快乐的，即使当中会有坎坷，那也是暂时的，最后的结局都应该是美满的。但婚姻的本质其实不是让我们来获得幸福的，它本身就充满了坎坷，即使不坎坷的时候，大多数也是很平淡的，这点结婚三年以上的朋友应该都有经验。婚姻是要花很多时间、精力和金钱去经营的，你用心去经营一段这样的关系，自己才会得到成长，人生才会完整。幸福啊，快乐啊，都只是你在经营这段关系中产生的副产品而已，如果你结婚就是为了追求幸福的话，那就本末倒置了。而且我一直觉得幸福这种东西根本就没法追求，只能去感受，你一去追求，就感受不到了。

如果你一开始就对爱情、婚姻抱有不切实际的期待，那你这辈子都不能对自己的感情生活满意。

大多数人都认为，人的感情是无法量化的，谈恋爱得靠感觉。你一旦用科学的方法去研究“感情”，那“感觉”就没有了。从这种角度来看，我在做的事情真的是很煞风景，因为我得把爱情分解开来，然后发现它们之间的规律，然后在这里教给大家。

可是这样一来就有些矛盾了。有些杂志经常会叫我帮他们的情感专栏写一些心理学相关的东西，据说很实用，反响还不错。不仅是我写的专栏，很多杂志上都会有这一类的专栏，因为在遇到了感情问题的时候，大家还是希望有理论可以帮助他们解决这一切的。

接下来我们就从心理学的角度来说一下爱情到底是怎么回事。

爱

	性吸引	浪漫	依赖
表现形式	心理上的愉悦感 性幻想和性冲动	强烈的感受性 心理距离变小	安全感和成瘾性 一定程度上的冲突
引发条件	漂亮的容貌 好身材 服饰 气味 健康的身体 明显的性征 良好的社会地位 高价值表现	制造浪漫的能力 共享秘密 惊喜 默契 多变性 与性无关的关怀 非理性、不计回报的付出	成为对方生活中的一部分 对未来的承诺和觉悟 拥有共同的目标 满足合适的需求 单一配对 性格、情绪以及价值观上的稳定性 定期的交流与见面 稳定的成长

简单来说，爱一般分为性吸引、浪漫和依赖三个部分。

性吸引主要表现为心理上的愉悦感、性幻想以及性冲动。引发它需要的条件是：漂亮的容貌，好身材，服饰，气味，健康的身体，明显的性征（包括生理上的和心理上的），良好的社会地位，高价值表现等。

而浪漫主要表现为强烈的感受性（比如“情人眼里出西施”），心理距离变小。引发它需要的条件是：制造浪漫的能力，共享秘密，惊喜，默契，多变性，与性无关的关怀，非理性、不计回报的付出等。顺带一提，在这一点上男性做得一直不太好，特别是当女孩子问道“你愿意为我付出生命吗”或是说“我想要天上的月亮”的时候。

依赖主要表现为安全感和成瘾性，以及一定程度上的冲突。

引发它需要的条件是：成为对方生活中的一部分，对未来的承诺和觉悟，拥有共同的目标，满足合适的需求（倾听或信任、理解或欣赏、充足的金钱或高品质的性生活，不仅男女有别，个体差异性也很大），单一配对，性格、情绪以及价值观上的稳定性，定期的交流与见面，稳定的成长。

我们所说的两性关系，主要是围绕这些方面来进行分析的。如果只有性吸引而没有其他两项的话，我们一般称为痴迷，有时也称为一见钟情；只有浪漫，则称为喜欢；只有依赖，则接近于亲情或是责任感。顺带一提，如果依赖的部分没有感情，也就是只有责任感的话，那爱是很难持久的。

在我们所讨论的两性关系中，更倾向于这三部分如何共同产生吸引力。一来从某方面来说，它就是爱的本质；二来它也可以广泛应用到其他的人际交往中。

【学习锦囊】让更多的人喜欢你

那么，如何才能产生吸引力呢？我们先从最简单、最原始的方法开始说：空间上的接近。心理学将其称为“邻近吸引”，即在其他条件不变的情况下，我们更容易喜欢上离我们更近的人。“距离产生美”的效果保鲜期很短，这也是异地恋成功率更低的原因之一。

然后就是出现在对方面前的频率，虚拟的也可以。正所谓“眼不见，心不念”，我们更容易喜欢熟悉的人，而不是认识没多久的人，就算是见几面，混个脸熟也好。当然了，不要太频繁，否则会给对方造成威胁感。

此外，有些人并不清楚怎么和刚见面的异性来交流，一开始就会出问题。一般来说，和女性沟通时，最常用的话题是“你从哪里来”；和男性沟通时，最常用的话题是“你是做什么的”。不管怎么开始话题，你在一开始的时候都要把自己最好的一面表达出来。

有一个学员曾经这么向我抱怨过：“现在的女孩子为什么都那么现实，没车没房就不愿意结婚？我可是潜力股啊！”

我反问他：“如果你现在看到一支股票，从开盘到现在就从来没有涨过，也没有任何的利好消息，那你会买吗？”

很多人可能确实是潜力股，但他们给别人的感觉却像是垃圾股一样。我知道有些问题是迟早要面对的，但我们真的没有必要在和别人第一次见面时就把自己的缺点都罗列一遍，然后说：“我的情况就是这样，你看看能不能接受吧！”特别是男性，你们有义务给女性希望，让她们有安全感。我见过一些相亲的男性，嘴巴很笨，一上来就问人家：“我的情况不太好，想找一个和我一起吃苦的女孩子，你愿意和我一起吃苦吗？”人家难道上辈子欠你的吗？如果你一定要说，也说得好听点，把“一起吃苦”换成“一起奋斗”不是更好吗？

有人会问我，这不是在画大饼吗？对！就是画大饼！你画了这个大饼，然后做到了，你就是个负责任的好人；你画了大饼，到最后这个大饼还是没有实现，那你就是个欺骗别人感情的坏人；你手上没有饼，也坚决不画饼，那你就是个没有人要的人！

另外，即使是已经交往了，在开始交往的初期，我也不建议双方把所有问题都拿出来讲。男人必须要表现出他的强大，而不是把自己的问题一股脑地说给女人听，希望女人能帮他分担一些。千万不要经常主动要求女人的帮助。女人要记得不要什么事都说，男人越了解另一半，就越会对她失去兴趣。你们可以在有一定的感情基础以后，再谈一些深入的话题。

最后，如果你希望保持长久的吸引力，那就必须满足对方的心理需求。我们会在下一章节讨论人类普遍适用的几类需求，在这里先讨论男性和女性不同的心理需求。男性最需要的是被欣赏，而女人则普遍需要安全感。

这就是为什么会有“女子无才便是德”的说法，因为这样可以给男性充分的空间发挥自己，让自己被欣赏。如果女性想改变男性，就应该通过帮助男人满足自己的的成就感来引导男性，而不是指责他。

而相对于其他要素，女人更注重男人的社会地位，因为这最能够给她们安全感。女性天生就有这种本能来自动搜寻必要的资讯，包括男人的穿着打扮、言谈、肢体动作等等，凡事都有计划的男人也会给人以安全感。另外，稍微胖一点的男性会更受欢迎一些，因为大脑会告诉你他更有安全感。

很多人听了这些以后，就把相互之间的不理解，两个人的沟通不畅等问题都归咎于男性和女性差别很大。我罗列男女需求的区别，并非是要你们放弃沟通，而是希望你们能多花点心思去了解对方，站在对方的角度，用对方能够接受的方式去沟通。

◎人类三大基本需求

在解释三大基本需求之前，我必须要来说明一些观念。很多人都认为心理学是一个稳固的科学，心理学的理论应该都是统一的。但事实上，心理学并不像你们想象中那么统一，它有很多的流派、很多的分支，到现在都在不停地发展，有一些领域的争论到今天都没有一个结论。三大基本需求也一样，它是其中一支流派的应用而已。它和亚伯拉罕·马斯洛的需求层次理论有互通之处，又不完全相同。和我其他教学的内容不一样，它更偏向于“临床内容”。

第一需求是确定性，即他人认为你很有安全感。

如果你想在事业上有所成就，那最好记住下面的话：在对“工作成就”的调查中发现，除了一些特殊行业以外，在绝大多数的领域里，确定性都是获得事业成就最重要的特质之一。此外，调查还发现，女性对确定性的要求比男性高很多。

一个人给他人的安全感，一般包括信誉、诚信和实事求是。先要说明一点，这三者并不是同一种东西。信誉是一种外在表现，它是你一直以来所做的行为的结果。我们说一个人信誉很好，是说他在过去的表现一贯良好，所以值得相信。诚信是我们个人的内在价值观，以诚待人，信守承诺，答应别人的事情都会尽力去做。实事求是是一种行为标准，也就是说我们说的话、做的事能够统一，和事实相符。

在这些方面表达的内容和方式有很多，比如准时或是价值观的稳定性。

以准时为例，如果你和我约在早上9：00见面的话，最好的做法就是准时赴约。但如果你遇上了突发状况而导致不得不迟到呢？

事实上，如果你能够在8：30时就提前通知我“会迟到20分钟”，然后在9：18到达的话，仍然可以满足我的确定性。但如果你告诉我的是“马上就到”或是“还有5分钟”就到，那当你在9：18到达时，你在我心中的确定性就已经荡然无存了。

我们就可以解释，为什么有些人会让我们很放心，而有些人则不让我们放心。在这一点上，经常更换自己的电话号码，三分钟热度，总是改变自己立场的人都不能满足我们的确定性需求。如果你要和某些人保持良好的关系，定期联系是一个不错的选择，这比不定期联系更能够巩固你们之间的关系。

我因为职业的关系有时候需要给我的顾客提供一对一服务，因此很有可能会知道一些比较隐私的资讯，这就对我的职业道德有很高的要求。大多数人在生活中可能不会遇到比较极端的需要保密的情况，但我还是建议大家要养成保密的习惯，因为口风不紧的人是不会给人什么安全感的。

再说一个比较敏感的话题：孩子的隐私。很多父母觉得，挖掘孩子的隐私是为了对孩子负责，有很多父母会肆无忌惮地去翻小孩的东西，不管是什么都要去翻一下。他们的逻辑是：我是你父母，如果你隐瞒我，就一定有鬼。在这样的环境下成长起来的孩子都比较没有安全感，和父母的关系也不会太好。越是被信任的孩子他所表现出来的自律性就越强，因为他不需要消耗多余的能量来防着你。

事实上，有些东西可以直接给我们带来安全感，比如钱、房子或是胖一点的男性。这也是为什么“买房不如租房”完全没能被普及——不管它在经济层面多么站得住脚，在心理层面却完全没有意义，因为租房很难满足大众的安全感。

第二个需求是变化性。需要说明的是，变化性必须要在确定性被满足的前提下才能够起作用。

事实上，无论是什么，人都会产生适应性。再好的事情都会随着出现的频率提高而使它带给我们的感受产生边际递减效应，你会在孩子第一次叫你的时候惊喜万分，但不久之后就会习以为常。新鲜的东西总能引起我们更高的兴趣，在任何事情上都是一样的，“喜新厌旧”其实是人类的本能。

我们可以从生活中的各个方面发现变化性产生的作用：男性追求女性时总是会经常送些小礼物，创造些惊喜；可口可乐、百事可乐这样的大公司经常会举办不同的抽奖活动；方便面、薯片等会定期推出新口味；餐厅会定期更换一些新菜式；麦当劳、肯德基会在某个时间段推出特别的商品或优惠活动；手机经常推出新的型号和版本，比如iphone。

有些主管就很明白这一点，到了过年就发红包给自己的部门成员。虽然红包里只有10元、20元，但自己的部门成员感觉还是会很好。

这里我们要说一下心流体验，这是由心理学家米哈里齐克森·米哈里（Mihaly Csikszentmihalyi）首先提出的概念。在这种状态下，我们的精神力完全投注在某个活动上，同时对时间和自我的感觉也会消失，感受到高度的兴奋及充实感。简单地说，在有心流体验时，我们的意识非常专注，焦虑感消失，感觉良好，时间感也会模糊。我们会非常享受整个过程，而不是结果，真心希望这种状态能够一直保持下去。我们偶尔也可以在生活中感受到这种心流体验，比如冥想、慢跑，和你的另一半一起度过一段快乐的时光，或是专注地玩电子游戏等等。

对我们来说，心流体验当然是越多越好。问题在于时间一久，能够产生心流体验的事情就会因为太熟悉而失去新鲜感，于是大多数人就没法从这件事情上得到心流体验了。但这里有一个例外，如果你是在成长或者创造某样东西，而且这个成长或创造的过程还需要克服一定程度的挑战，那不管这个行为重复了多少遍，那你还是会有很强的心流体验的。

让自己产生“成长的感觉”是很重要的，因为这是少数几个有效的内驱力。所谓内驱力，就是不需要通过外在刺激就能够让自己产生很强的行动力。如果你玩过俄罗斯方块或者贪食蛇这类的游戏，就应该能理解我在说什么。玩这种游戏需要很强的内驱力，因为你在玩俄罗斯方块或者贪食蛇时不会得到任何物质上的好处。更要命的是，这类游戏永远不会有一个美好的结局，随着难度越来越高，最终你一定会输掉，所以就连达成目标的成就感都很少。既然如此，为什么还会有那么多人为这些游戏而痴狂呢？唯一的解释就是，它的过程很有趣，能让你感觉到乐趣。它有挑战、有乐趣，还有一定的即时回馈，让你感受到了成长的感觉，进而引发心流体验，心甘情愿地为它花上大量的时间和精力，不求任何回报。

请注意，我刚才使用的是“成长的感觉”，而不是“成长本身”，这点相当重要。我们在玩俄罗斯方块和贪食蛇的过程中，其实并没有获得太多成长，但是因为挑战变得越来越大，而且解决的方法看似是我们自己决定的（大多数人显然没有意识到，自己自始至终都遵从着游戏给我们设定的规则去解决问题），所以在解决这些挑战后，我们就“感觉到”自己成长了。

这个原理也同样可以应用在工作中。我见过很多聪明的团队领导人就非常善于通过不同的挑战形式来让自己的团队成员“感觉到”自己的成长，而且以后还会有更多的成长，他们很清楚，如果单一的挑战形式使员工渐渐失去了克服挑战的感觉，或者在他们克服挑战时不给他们一些自由发挥的机会，都很难让他们感觉到自己在成长。

要成长，第一步就是要先知道自己现在在哪个位置上，然后要知道自己未来要在哪个位置上。这样就可以知道你为了达成目标，还有哪些方面需要成长。

你要了解自己，就必须要从客观的角度去收集自己的相关信息。方法有很多，比如我就喜欢每半年检阅一下自己的日记，做一个客观的数据分析。如果你觉得自己做不到客观地去分析自己，就请你身边的人提供信息，或者直接找专家帮你分析。

你身边的人提供的信息不一定是正确的，不一定要都照单全收。但如果很多人都是这么认为的，那你就应该重视起来了。在这里你必须要注意的是，不能在这个过程中过于专注在自己的缺点上面，否则反而会让你的状态变得更差。

有些人则是第二步出了问题，不知道自己要去哪里。这种人只会喊口号，而且口号还喊得很夸张。但是因为他不知道自己哪里存在不足，所以，就永远没法成长。

但成长的关键在于你周围的环境。

如果你有成长，你周围的人没有成长，那你们很快就会发现沟通起来有问题。你觉得他们听不懂你在说什么，他们觉得你说的没有意义，最后只可能发生一件事情：他们拼命阻止你成长。你成长的速度太快了，他们没有一起成长，所以，接受不了。

我就有叫我的朋友来参加我的培训课程，然后就有人告诉我他的能力足够强了，不需要再去学习更多东西了。我觉得，凡是说自己“足够了”的人都是等着被淘汰的人，因为他们不会再成长了。

第三个需求是贡献。其实只要是个人，都会想要帮助别人，只不过有的时候人穷志短。值得注意的是，这个部分的关键在于心理层面的贡献感，而非实际的贡献感。这就是为什么强制捐款是没有意义的——尽管我们实际上做出了贡献，但心理需求却没有办法被满足。

每月收入不高也没关系，关键在于你有贡献出去。我知道这一点有人现在真的没听懂，不过没关系，你先记下来。不用很多，你先捐捐看就明白了。

一个众所周知的事实是，如果一家企业做了很大的善事，就可以让这家企业的员工的感觉变得更好，之后一段时间的工作动力也会更强。一般在重大灾难发生时捐款数额比较大或是持续做慈善多年的公司，员工的工作动力都会变得更高，因为他们觉得自己做的事情是有意义的——即使他们自己没有掏一分钱也一样。

在2007年初，我曾经鼓励团队中的每一个人都至少捐助一个云南小学生一年的学杂费（当时是400元），并约定在年底去那里旅游，亲眼看看我们捐助的学生。尽管最后由于其他原因旅游并未成行，但你完全可以想象团队成员当时的精神状态和干劲——没错，能够为别人做出一些贡献，确实能让我们自己感觉到离“强者”更近了一些，从而影响到我们的行为。

除了捐钱以外，你还可以做很多事情，比如献血、去做义工等。我本人就是一个常年无偿献血者，而为了能够更深入地参与一些公益活动，我还专门去考了一张社工证书。事实上，当你购买这本书或是来参加我的训练时，我所得利润的10%都会被用于慈善。我可以很负责任地告诉你：为社会做出贡献确实可以让自己更加充实，也会觉得自己所做的事情更加有意义。

看到这里，请回想一下刚才的那段文字，并且问自己：现在李劲波这个人在我心目中的形象是否变得更高大一点了？

有时就算不花钱，一样可以让人感觉到自己的贡献。电影《十月的天空》中有一段场景说明了这一过程。在这段场景中，主角的父亲说了这么一段话："我们挖的煤可以炼出钢，而钢是整个国家的支柱，如果我们不挖煤，国家就完了。"尽管他除了工作以外并没有做什么额外的慈善事业，但在他的心里，工作本身就和贡献做了一个联结。

这里有一个小细节需要说明一下：在考虑满足成长和贡献的需求时，不能太贪心，而是要根据实际情况来选择是偏重贡献还是偏重成长。

有一次我给一个连锁的养生会所做了一个系列的培训，其中有一部分是帮助那些刚入职的基层人员提升积极主动性。请问这群20岁出头的孩子能创造什么贡献？如果你的答案是和他们说"你们为整个社会的健康做出了贡献"之类的大道理，那我真的希望你能更加现实些。所以我决定先满足他们成长的需求，等这些人都学有所成，出去开分店了，再让他们为了他们的员工贡献，为他们的员工负责任，等到等级更高了，再引导他们为社会做贡献，这个才合理。

还有些公司做得更细致，把不同的人群区分开来。我培训过一个公司，一共40余人，对基层员工偏重在成长方面，中高层偏重在贡献方面，效果也很好。如果你正在带领一支小团队，那完全就可以花点时间去区分一下，哪几个人需要更偏重成长，哪几个人需要更偏重贡献。

这便是我们所说的三大基本需求。作为心理理论的其中一支，三大基本需求理论已经影响了许多人，在互联网上也有许多人的应用分享。当你能够真正熟练地掌握并应用这些需求时，一定就能更好地把握好自己的人际关系。

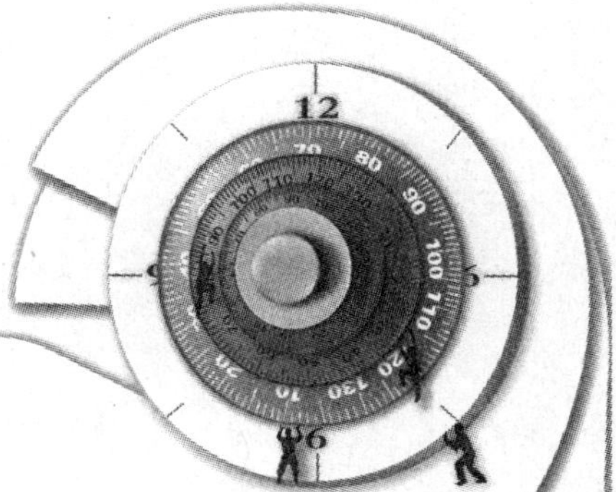

第 7 章

财务状态管理：物质富足带来更多精神财富

◎先物质，后精神

◎生活的投资回报率

◎金钱和幸福有何关系

◎先物质，后精神

很多人认为，个人状态管理属于精神上的管理。但事实却恰恰相反：在你满足自己的生存和安全需求以前，根本没有办法有效地去管理自己的精神状态。

我不是在说不要去追求更高层次的精神目标，这确实是需要的。当你的物质层面富足到一定程度以后，你就必须通过非物质手段来满足自己。但我发现很多人还没有让自己的生活有一个基本的保障，就急着去追求精神层面的成长。其实你用不着太急，磨刀不误砍柴工，这是有一个先后顺序的。一个更安全的生存基础不只会让你有基本的保障，在心理上也能让你更放得开，往更乐观、更积极的方向去思考。

《论语》中有一个很有趣的故事：有一次孔子到卫国去，冉有为他驾车。孔子看着外面说："卫国的人口真多呀！"冉有问道："人口已经那么多了，还要再做些什么呢？"孔子回答道："使他们富起来。”冉有又问道：“那富了以后又要做些什么呢？”孔子说：“对他们进行教化。”

孔子的这种“先富后教”的理念道出了个人成长的本质——先满足温饱，再追求精神成长。

我们来看一个工作上的例子。我一直在倡导，无论是生活中还是工作中我们都要去享受快乐。但销售行业一直声称，销售人员是一群敢于冒险的家伙，即使没有底薪，他们还是能靠“足够多的业绩提成”来激励自己发挥出最佳状态。销售经理们相信，相对于稳定的底薪而言，较高的业绩提成能够对销售人员产生较好的激励作用，得到的业绩也更高。但事实真是如此的吗？我经常被各大公司聘请去帮助他们的雇员提高自身状态，而实际经验告诉我，无论是国企、外企还是私企，拿固定工资或者底薪足够满足自己生存需求的销售人员流失率更低，也可以更容易地把快乐和工作融合在一起，他们总体的销售业绩其实比无底薪（或低底薪）的销售人员更高一些。

【学习锦囊】用钱使你更幸福

一提到钱，大家都会比较敏感，觉得谈钱太俗了。一说到“成功”，都会说“其实成功不只是钱”——这句话本身就说明大家都认为成功一定离不开钱。大部分人都会把金钱作为衡量你成功与否的标准之一，包括你的收入、成就、形象、生活方式、未来的发展潜力等等。

大部分人在财务上花的心思最少，吃的苦头却是最多的。夫妻间90%的争执根本原因都是因为钱太少，可恋爱的时候有没有谈进去？有没有讨论过关于金钱的价值观？有没有讨论过婚后的财产分配问题？有没有开婚前公证？很多人会排斥这种事情，因为在他们的潜意识里“钱”和“幸福”是相对立的，如果讨论钱的问题就没有真正的爱情了。他们把“钱”和“痛苦”做了一个联结，难怪结婚以后争吵不断。

有个朋友曾经问我：“你的课程是属于‘向内’的还是‘向外’的？”我一开始还没听懂他在说什么，后来明白过来，他说的“向内”是指内在的、精神上的成长，“向外”是指外在的、物质上的追求——其实对我来说，这两样东西不应该那么对立，你处于什么阶段就应该追求相应的东西——我对我的朋友说，这分不开来。然后我的朋友就说，你的市场定位不明确。

其实我这位朋友的话正代表了大多数人的观点：不是去彻底追求物质上的财富，就是去彻底追求精神上的成长，两者是相互对立的，不可融合的。但事实上，只有物质满足我们的基本需求以后，我们才能够去追求精神上的东西。

我知道金钱不等同于幸福，但大家一定要相信我，有了钱比较容易得到幸福。你可以用钱去做你认为有意义的事情，也能对自己不喜欢的事情说“不”。我知道有很多课程都说要提升你的心灵层次，让你的灵魂变得高尚，让你能感受到这个世界多么美好。我以前也有帮别人讲授纯粹心灵成长的课程，上完之后大家都觉得我是个圣人，互相感觉都很良好。但我发现大部分人在饿几天肚子以后就很难保持这个状态，这个和意志力无关，纯属生理问题，能量降低了嘛。

当你的生活条件提升了以后，你的格局、你的心灵层次要提高就简单多了。你只有真的让自己的生命变得美好，才能相信生命是美好的。只有财务自由了，你的思想才有可能达到一个更高的境界，这就是为什么大多数觉悟了的人小时候都是生长在富裕的环境里的。

◎生活的投资回报率

在人们的心目中，稳定的“经济力”总是可以给我们带来很大的安全感。所谓的经济力不是说拥有多少金钱，而是创造金钱的能力。相对于大量的现金来说，这才是真正让人感到放心的部分。

要获得稳定的经济力，我们一般都会涉及两个部分：理财和投资。

理财和投资并不是同一个概念。理财是指如何分配你的财富，而投资是指如何让你的钱变多。如果你不懂得如何理财，那投资也是没有意义的。

关于理财，大多数人最大的问题就在于没有一个合理的规划。如果你事先没有规划好钱该怎么用，那就很难将我们的金钱管理好。很多人还会步入“提前消费”的怪圈，最后变得负债累累——刷信用卡的感觉总是要比付现金更爽快一些。

因此，我强烈建议在一开始拿到钱的时候就进行分配：多少钱拿来家用，多少钱用来投资，多少钱用来储蓄……我建议你给慈善也留一份钱，这对你的身心和社会都有很大的积极作用。

【学习锦囊】投资，无处不在的生意

投资不一定只是投资标的物，你完全可以投资人才、投资大脑，或是投资任何你认为有价值的东西。你要付出的也不一定只有金钱，有可能还包括了你的时间和精力。因此广义地说，只要你有任何的付出，就是在投资，区别只是你这笔投资的回报率有多少而已。你买一件衣服、吃一顿大餐或是去做一项公益活动的志愿者，都是投资。

我们在生活中经常遇到这样的事情。如果可以选择的话，你会选择穿一套价值三百元的西装还是穿一套价值三万元的西装？你的状态会不会有差别？如果你是业务员，你觉得自己有车和没有车有没有差别？你开的是桑塔纳和你开的是奔驰，有没有差别？你乘飞机，坐头等舱和经济舱，结识到的人脉会不会一样？你只要把钱花出去，就是在投资。

朋友来向你借钱，也是投资。很多人明知这笔投资没好处，但碍于情面，还是借了。但凡钱借出去，至少有一半是收不回来的。于是你投资失败，钱就这样不见了。多来几次，你就得去找别人借钱了。人家又不借，于是你就不见了。

讲到这里，有没有人会觉得很奇怪？难道我买西装、买车、买房是为了给别人看的吗？我做慈善难道是为了赚更多钱吗？我朋友有难，我帮一把不行吗？答案当然都是否定的。你的付出所得到的回报并非只有金钱，你买西装、买车、买房也满足了你实际的需求，你做的慈善帮助到了他人，而你帮朋友也维系了你所珍视的友情。准确地说，我们要追求的其实不是金钱的最大投资回报率，而是生活的投资回报率，只有你知道这笔投资是不是合理。

◎金钱和幸福有何关系

一个关于金钱很常见的疑惑是：幸福感是否和你赚的钱成正比？

事实上，当我们赚取“足够多”的钱时感觉就会很良好；但如果你的目标就只是赚取“很多钱”，那这个目标可不能给你带来什么幸福感。

这里就要讲到“赚很多很多钱”和“赚足够多的钱”的区别了。

想赚“很多很多钱”的人，就是我们常说的那种“钻在钱眼里”的人（而且不得不遗憾地说，这类人变得越来越多了）。他们以赚钱为主要目标，为了达成这个目标他们甚至可以舍弃许多对自己至关重要的事物。他们可以从赚钱的过程中得到许多特殊的情绪体验：快感、成就感、安全感等——不过绝对没有“满足感”这一项，因为“赚很多很多钱”这个目标本身就不存在一个具体的上限。但事实上，“满足感”正是我们获得心灵平静，让我们的精神成长的必备条件之一。对金钱的“永不满足”并不像某些人说的那样能让你更“成功”，反倒是会让你的世界越来越狭隘。

而想“赚足够多的钱”的人则完全不同，他们很清楚自己要的是什么，也知道自己为了这些应该付出多大的努力。他们并不执着于金钱的数额，而是考虑怎样更有效地利用手上的钱来达成目标。如果一个想“赚足够多的钱”的人要去法国旅游一个月，就会计算如何获得这笔旅游资金（每个月存款，做成几笔生意或是其他你想得到的任何方法）、如何安排出一个月的自由时间（利用假期或是干脆请个年假）、怎样更有效率地使用这些钱（怎样在不降低品质的前提下节约资金）、是否还有可利用的社会资源（如果这时有一个法国朋友，那可真是太棒了）等等。他们为了这些目标而努力，金钱只不过是达成目标的手段之一罢了。

【学习锦囊】金钱也是生活的一部分

在我们为金钱而努力之前，必须要先知道对自己而言，多少钱才是“足够的”。

请回答以下问题并记录到纸上：如果没有任何限制，每月有多少基本现金流可以让你满意？你希望住在什么样的房子里？你开什么车？你需要几辆车？要开公司的话，会雇佣多少员工？每个月要花多少钱买衣服？花多少钱孝敬父母？应该有多少存款、花多少钱投资？

多久旅游一次？去哪里旅游？……把它们统统列出来，排个序。

请注意，这并不是比赛，不是写得越多就越好。你生活的精彩程度不能靠和别人竞争来确定，而是遵循你自己内心真正的感受。我们发现，每个人的目标不同，所需要的金钱数额也不相同，这也是做这个练习的意义所在。

理清你所需要的目标（当然，你也可以随时增加新的项目，或是删除变得没有意义的项目），列出可行的计划来获得相对应的金额。你该怎样来获得这笔钱呢？存钱吗？投资吗？或许你需要换一份工作？拓展一块新的业务？我不知道。但我可以确定的是，当你列出了具体计划并为之行动的时候，才能分出心思来平衡工作、生活和金钱之间的关系。

后　记

从前一直以为，要成功，首先要有一颗聪明的头脑，其次才是机遇。但是，通过多年来的摸爬滚打，不停地与成功人士交流，我渐渐转变了之前对成功的理解。我发现其实很多成功的人身上都是有共性的，换句话说，他们的成功不是偶然发生的，他们都发现了成功的奥秘，成功是有规律的，他们善于驾驭自己的状态，使自己时刻处于巅峰状态，随时迎接机遇创造成功。

在本书的最后，有一份礼物要送给大家，那就是我经过多年来的思考和实践，总结出的巅峰状态必备的两个重要因素，抛砖引玉，以飨读者。

有句话说得好，“想成功，先发疯”，锁定目标才知道往哪里冲。可以说，目标是一个人欲望的表达，知道自己“要什么”才知道下一步“怎样做”。它既有自己做主，避免让自己散漫游荡的目的，也有欲望方面的感情因素。

一项心理学研究表明：需要未被满足，欲望未实现，会让人产生紧张的状态，而紧张又会成为刺激人内心欲望的驱动力，这种驱动力会让人产生寻求目标的行为。如果达到了目标，内心获得了满足感，紧张的状态就会慢慢消除。这也是为什么员工往往在受到老板一番激励后，反而变得更加紧张，为了缓解这种紧张的状态，员工们只好更加努力地工作。紧张状态越多，就要做更多的事情来缓解这种状态。

换言之，人们是被他心中那个目标所驱动的，有了目标就会想去实现，这就是动力。渴望改变状态的人，必须找到自己的人生目标，建立目标的“蓄水池”，强化自己的目标系统，按照在本书学到的确定目标的原则，实现明确目标→实施目标→强化执行→获得成功。然而，目标的达成非一日之功，它是一个漫长且艰苦的过程，没有人能够一步登天谱写辉煌的历史。就像之前提到的，我们应该试着把伟大的人生大目标细分成一个个容易实现的小目标，先达到一个目标，再去树立另一个更高的目标也不迟，保证自己人生的各个阶段都能向着阶段性的目标前进，这样既能克服心中的焦虑不安，又能始终保持这种良好的状态，最终在人生的道路上越走越稳，越走越顺利。

何为胸怀？就是一种气度，它决定了你的人生格局，更决定你的人生状态。

这让我想起了《大秦帝国》中的一个故事：秦国贫穷落后，现状令人担忧，秦王嬴渠梁想要改变这种状态，就必须推陈出新、主持变法，并且一定要坚定不移甚至六亲不认，虽然这个过程一定充满了阻碍与困难，但嬴渠梁依然对商鞅说：“为秦国富强，嬴渠梁九死不悔，万难不足以扰乱我心。”

几百年来，因为变法，不知有多少人死于非命，但最主要的原因是国君根基太软。后来，嬴渠梁向商鞅对天发誓“信君如信我，终我一生，绝不负君”。商鞅感动不已，说:“公如青山，我如松柏，粉身碎骨，永不相负。”

就这样，两个人以酒为誓，以天地为证，双手紧握，眼中擎满了激动的泪水。而秦国也从此轰轰烈烈地踏上了强国变法的时代。

在变法期间，商鞅被秦孝公任命为左庶长，并由他施行变法改革，后来又被任命为大良造，全国军政大权都掌握在他手里。由于作出了杰出的贡献，最终又被封为商君。

商鞅当然功不可没，但别忘了在秦国变法期间，嬴渠梁从未怀疑过商鞅，更是不遗余力地支持商鞅进行改革，正因如此，秦国才能顺利地在短短20年间，由一个无人理睬的弱国变成了称霸中原的强国，真正实现了秦国的富强梦。

胸怀决定格局，而格局决定了最终的结局，真正杰出的领袖是秦孝公嬴渠梁，正是他博大的胸怀造就了统一天下的伟业。

一向敢言的任志强说过：“大事难事，看担当；逆境顺境，看襟度；临喜临怒，看涵养；群舍群得，看智慧；做大做小，看格局；可快可慢，看悟性；是成是败，看坚持！”

没错，唯有如此，你才会培养出一种胸襟气度，形成一种巅峰的状态，放大生命的格局和境界。

说到底，“个人状态”并不是影响你生活的一种方法或是技能，而是一种状态，一种常规化、稳定的特质。我们改变自己某些方面的做法或看法来提高改善自己的状态，从而找到巅峰的状态，创造人生的契机，至于要改变哪些方面则要因人而宜，我总结的这六大要素也只是希望能够为你带来足以借鉴的启迪！